上海大学出版社

2005年上海大学博士学位论文 58

U0358885

羟胺衍生物辐解及其氧化还原反应的研究

● 作 者：王锦花

● 专 业：材料学

● 导 师：包伯荣　叶国安

Shanghai University Doctoral
Dissertation（2005）

Study on Radiation Degradation
and Redox Reaction of
Hydroxylamine Derivatives

Candidate：Wang Jinhua
Major：Material Science
Supervisor：Bao Borong　Ye Guoan

Shanghai University Press
• Shanghai •

上 海 大 学

　　本论文经答辩委员会全体委员审查,确认符合上海大学博士学位论文质量要求.

答辩委员会名单:

主任: 周邦新　教授(院士),上海大学材料学院　　　200072

委员: 夏义本　教授,上海大学材料学院　　　　　　200072

　　　吴明红　研究员,上海大学环化学院　　　　　201800

　　　张先业　研究员,中科院中国原子能科学研究院

　　　　　　　　　　　　　　　　　　　　　　　102413

　　　姚思德　研究员,中科院上海应用物理研究所

　　　　　　　　　　　　　　　　　　　　　　　201800

　　　毛家骏　教授,复旦大学　　　　　　　　　200433

　　　周祖铭　教授,复旦大学　　　　　　　　　200433

导师: 包伯荣　教授,上海大学　　　　　　　　　200436

　　　叶国安　研究员,中科院中国原子能科学研究院

　　　　　　　　　　　　　　　　　　　　　　　102413

评阅人名单：

姚思德　研究员，中科院上海应用物理研究所

201800

张先业　研究员，中科院中国原子能科学研究院

102413

周瑞敏　研究员，上海大学环化学院　201800

评议人名单：

何　辉　研究员，中科院中国原子能科学研究院

102413

王文峰　研究员，中科院上海应用物理研究所

201800

陈　捷　研究员，上海大学环化学院　201800

毛家骏　教授，复旦大学　200433

答辩委员会对论文的评语

羟胺衍生物 N,N-二甲基羟胺(DMHA)、N,N-二乙基羟胺(DEHA)是核燃料后处理铀-钚分离过程中有应用前景的还原剂. 该论文首次研究了 γ 射线对 DMHA 和 DEHA 的辐射化学问题,采用多种方法定性定量分析了 DMHA 和 DEHA 在各种条件下辐解产生的气态和液态产物,对辐解机理进行了深入的讨论,对辐解产物的形成过程给予了合理的解释. 论文还着重研究了硝酸体系中 DMHA 和 DEHA 辐解产物. 这些研究结果将为这两种还原剂在核燃料后处理中的应用提供重要的参考依据.

该论文选题既有学术性,又有实用性,创新性强. 所研究的课题涉及学科多、难度大. 论文作者对文献进行了深入的调研,实验数据翔实、条理清晰、结论合理、文笔流畅、图表规范,表明作者已具备扎实的理论基础、深入的专门知识和独立从事创造性科研工作的能力. 经答辩委员会投票一致通过其博士论文答辩,建议授予博士学位.

答辩委员会表决结果

    经答辩委员会表决,全票同意通过王锦花同学的博士学位论文答辩,建议授予工学博士学位.

答辩委员会主席：周邦新

2005 年 5 月 29 日

摘　　要

　　随着核电事业的发展,动力堆乏燃料的后处理已引起了人们广泛的关注. 到目前为止,溶剂萃取法提纯铀(U)和钚(Pu)的流程(PUREX)是唯一成熟的大规模处理乏燃料的流程. 这个流程的 U、Pu 分离是通过将易被磷酸三丁酯(TBP)萃取的 Pu(Ⅳ)还原为不易被 TBP 萃取的 Pu(Ⅲ)来实现的.

　　在乏燃料后处理厂中,将 Pu(Ⅳ)还原为 Pu(Ⅲ)的方法主要有两种:一种是用电化学法,仅在俄罗斯使用;另一种也是用得最多的,是用 $Fe(NH_2SO_3)_2$ 和 U(Ⅳ)- NH_2NH_2. 它们的最大优点是能快速地将 Pu(Ⅳ)还原,但它们在 PUREX 流程第一循环使用时都需大大过量. $Fe(NH_2SO_3)_2$ 的大大过量会引入大量铁离子,不利于废液的最终浓缩;氨基磺酸水解及其与亚硝酸反应都会产生 SO_4^{2-}, SO_4^{2-} 会加速不锈钢设备的腐蚀. U(Ⅳ)-NH_2NH_2 的大大过量也不好:肼会与亚硝酸反应生成危险的叠氮酸;U(Ⅳ)容易被硝酸、亚硝酸和空气氧化而失效. 另一方面,这两类还原剂用于处理生产堆乏燃料还是比较好的,但对于动力堆乏燃料的后处理却有一定的局限性. 动力堆乏燃料的燃耗深,比生产堆的乏燃料大几十倍,其中存在一定浓度的镎(Np),且 Np 含量随燃耗的增加而增加. 亚铁还原剂不能同时将 Pu、Np 从 U 中分离出来;U(Ⅳ)还原剂不能控制 Np 的价态,从而引起 Np 走向的分散.

　　目前,还原剂的研究方向是新型无盐有机还原剂,希望研究出的还原剂能在还原反萃这一步同时分离出 Pu 和 Np,或者

能够选择性地将 Np(Ⅵ)还原 Np(Ⅴ)而与 U、Pu 分离. 前人的
研究结果表明：比较有望用于 PUREX 流程的还原剂是分子式
比较简单的肼和羟胺衍生物. N, N-二甲基羟胺(DMHA),
N, N-二乙基羟胺(DEHA)能快速将 Pu(Ⅳ)和 Np(Ⅵ)还原,
且还原产物在酸性条件下能稳定较长时间,有望用于 Pu 和 Np
同时与 U 的分离.

本文用气相色谱法、紫外可见分光光度法等研究 DMHA、
DEHA 在不同条件下 γ 辐解产生的气态和液态产物及其含量,
并探索其辐解的机理. 选择对 γ 辐照较稳定的 DEHA,研究其
在各种条件下,与钒、硝酸及亚硝酸反应的产物及其含量,并由
此推出反应的方程式.

DEHA 水溶液辐解产生的气态产物主要有氢气、甲烷、乙
烷、乙烯；液态产物主要有乙醛、乙醇和乙酸和铵离子. 当
DEHA 浓度为 0.1～0.5 M,剂量为 10～1 000 kGy 时,氢气的
体积分数最高达 0.24；乙烯、甲烷和乙烷体积分数最高分别达
0.013、0.007、0.001 5. 当 DEHA 浓度为 0.1～0.2 M 时,乙
醛、乙醇、乙酸和铵离子的浓度低于 0.03 M；而当 DEHA 浓度
为 0.3～0.5 M 时,乙醛、乙醇和乙酸的浓度变化不大,但铵离
子浓度有较大的增加,最高达 0.16 M. DEHA 辐解率随其浓度
的增大而减少,当 DEHA 浓度为 0.5 M,剂量为 1 000 kGy 时,
辐解率为 25%.

DMHA 水溶液辐解产生的气态产物主要有氢气、甲烷；液
态产物主要有甲醛和铵离子. 当 DMHA 浓度为 0.1～0.5 M,
剂量为 10～1 000 kGy 时,气相中氢气的体积分数最高达 0.30,
甲烷的体积分数最高达 3.4×10^{-4}；液态产物中,甲醛浓度为
0.10～0.16 M,铵离子浓度为 2.4×10^{-3}～6.1×10^{-2} M.
DMHA 水溶液对 γ 辐射非常敏感,当剂量为 500 kGy 时,

DMHA 已完全辐解.

提出了 DMHA 和 DEHA 水溶液辐解的机理,该机理较好地解释了实验结果.

研究了硝酸对 DEHA 水溶液辐解产生的气态和液态产物的影响. 气相中的氢气、甲烷、乙烷和乙烯的体积分数都减少了;液相中的乙醛和乙酸浓度增大了,而乙醇浓度却大大减少了,没有铵离子. 硝酸介质中的 DEHA 对辐照是很敏感的,含 1.0 M 硝酸的 0.2 M DEHA 吸收 500 kGy 后,即完全辐解.

研究了硝酸对 DMHA 水溶液辐解产生的气态和液态产物的影响. 气相中氢气和甲烷的体积分数都减少了,液相中甲醛浓度也减少了,没有铵离子. 硝酸介质中的 DMHA 对辐射更敏感,含 1.0 M 硝酸的 0.2 M DMHA 吸收 100 kGy 后,即完全辐解.

研究了 DEHA 与钒、硝酸和亚硝酸氧化还原反应的产物及其与反应条件的关系. 硝酸不存在时,NH_4VO_3 和 DEHA 不反应;硝酸存在时,NH_4VO_3 和 DEHA 反应的方程式为:

$$6VO_3^- + (CH_3CH_2)_2NOH + 13H^+ \rightleftharpoons$$

$$6VO^{2+} + 2CH_3CHO + NO_3^- + 2H_2O$$

DEHA 与硝酸反应的方程式为:

$$3(CH_3CH_2)_2NOH + 2HNO_3 \longrightarrow$$

$$3CH_3CHO + 3CH_3CH_2NHOH + 2NO + H_2O$$

在硝酸介质中,DEHA 与亚硝酸反应的方程式为:

$$(CH_3CH_2)_2NOH + HNO_2 \longrightarrow$$

$$CH_3CHO + CH_3CH_2NHOH + NO + H^+$$

在高氯酸介质中,DEHA 和亚硝酸反应的方程式为:

$$(CH_3CH_2)_2NOH + 7HNO_2 \xrightarrow{HClO_4}$$

$$CH_3CHO + CH_3CH_2OH + HNO_3 + 7NO + H^+ + 3H_2O$$

关键词　N, N-二甲基羟胺, N, N-二乙基羟胺, 辐解, 氧化还原

Abstract

With the development of nuclear energy, more attention has been paid on the reprocessing of the spent fuel from operation of nuclear power plants. Up to now, PUREX (Plutonium and Uranium Recovery by extraction) process is the most established process for large scale reprocessing of spent fuel. In this process, Plutonium(Pu) is separated from Uranium (U) by selective reducing Pu(IV), which is highly extractable by tributyl phosphate (TBP), to Pu(III), which is only slightly extractable by TBP.

There are two methods for reducing Pu(IV) to Pu(III), one is electrochemical reduction, which is commercially used only in Russia; the other, which is the most employed, is chemical reduction in which selective reducing agent $Fe(NH_2SO_3)_2$ or U(IV) - NH_2NH_2 is used. The principal advantage of ferrous sulfamate and uranous-hydrazine is that they give very rapid reduction of Pu(IV), even in moderately strong nitric acid. However, the two reductants are consumed in PUREX first cycle greatly in excess of its stoichiometric requirements. The excess consumption of $Fe(NH_2SO_3)_2$ introduces a lot of Fe ion into the waste, and it is not benefit for the concentration of the waste; SO_4^{2-} can be produced by the hydrolysis of sulfamic acid and the reaction of sulfamic acid with nitrous acid, and SO_4^{2-} increases the corrosion of the stainless steel equipment. The excess consumption of $U(\text{IV})$-NH_2NH_2 is also not good, dangerous hydrazoic acid can be produced by the reaction of hydrazine with nitrous acid; $U(\text{IV})$ can easily be oxidized by nitric acid, nitrous acid and oxygen in the air. On the other hand, these two reductants are better for the reprocessing of the spent fuel from operation of the nuclear reactor for Pu production, but they are not good for that from nuclear power plants, as the burnup of the latter is tens bigger than that of the former, there is Neptunium (Np) in the spent fuel, and Np content increases with the increasing of burnup. Fe^{2+} can't separate both Pu and Np from U, and $U(\text{IV})$ can't control Np valence and lead Np go to different streams.

At present, the chief aim of reductant research is to choose suitable saltless organics which can separate both Pu and Np from U or selectively separated Np from both U and Pu. Results show that the N-derivative of hydrazine and hydroxylamine with simple molecule structure is hopeful candidate. N,N - dimethylhydroxylamine (DMHA) and N, N-diethylhydroxylamine(DEHA) can rapidly reduce $Pu(\text{IV})$ and $Np(\text{VI})$ to $Pu(\text{III})$ and $Np(\text{V})$, and $Pu(\text{III})$ and $Np(\text{V})$ are stable for longer time in acid, thus, both Pu and Np can be separated from U in one step. So DMHA and DEHA are two reductans having obvious prospect.

By gas chromatography and $U(\text{V})$ spectrophotometry, the gas and liquid composition, which are produced by γ

radiation degradation of DMHA and DEHA at different condition，are studied，and the radiation degradation mechanism is also studied. The reaction products of DEHA, which is more stable against γ radiation，with vanadium(V), HNO_3 and HNO_2 at different condition are studied. The results are shown as follow：

The main gas composition produced by radiation degradation of DEHA is hydrogen、methane、ethane and ethene，the main liquid composition is acetaldehyde，ethanol， acetic acid and ammonium. When the concentration of DEHA is $0.1\sim0.5$ M，absorbing doses are $10\sim1\,000$ kGy， the maximum volume fraction of hydrogen is 0.24，and that of ethene，methane and cthane are 0.013、0.007 and $0.001\,5$ separately. When the concentration of DEHA is $0.1\sim0.2$ M, the concentration of acetaldehyde、ethanol、acetic acid and ammonium is lower than 0.03 M；When the concentration of DEHA is $0.3\sim0.5$ M，the concentration of acetaldehyde、 ethanol、acetic acid changes little，but ammonium concentration increases greatly，and the maximum is 0.16 M. The degradation degree decreases with the increasing of DEHA concentration，when DEHA is 0.5 M，the dose is $1\,000$ kGy，the degradation degree is 25%.

The main gas composition produced by radiation degradation of DMHA is hydrogen and methane，the main liquid composition is formaldehyde and ammonium. When the concentration of DMHA is $0.1\sim0.5$ M，the doses are $10\sim1\,000$ kGy，the maximum volume fraction of hydrogen is

0.30, and that of methane is 3.4×10^{-4}. The concentration of formaldehyde is $0.10 \sim 0.16$ M, and that of ammonium is $2.4 \times 10^{-3} \sim 6.1 \times 10^{-2}$ M. DMHA is sensitive to radiation, when the dose is 500 kGy, DMHA is completely degraded.

Set up radiation degradation mechanisms of DMHA and DEHA water solution which well explain the experiment results.

Studied the effect of HNO_3 on the radiation degradation product of DEHA. The volume fraction of hydrogen, methane, ethane and ethane in the gas is decreased; the concentration of acetaldehyde and acetic acid in the liquid is increased, but that of ethanol is decreased obviously; there is no ammonium in the irradiated solution. DEHA in HNO_3 is very sensitive against radiation; 0.2 M DEHA in 0.1 M HNO_3 degrades completely when the dose is 500 kGy.

Studied the effect of HNO_3 on the radiation degradation product of DMHA. The volume fraction of hydrogen and methane in the gas is decreased; the concentration of formaldehyde in the liquid is also decreased; there is no ammonium in the irradiated solution. DMHA in HNO_3 is more sensitive than DMHA in water against radiation; 0.2 M DMHA in 1.0 M HNO_3 degrades completely when the dose is 100 kGy.

Studied the reaction products of DEHA with V(Ⅴ), HNO_3 and HNO_2 at different condition. DEHA doesn't react with V(Ⅴ) without HNO_3; the reaction formula of DEHA and V(Ⅴ) with HNO_3 is as follow:

$$6VO_3^- + (CH_3CH_2)_2NOH + 13H^+ \rightleftharpoons$$

$$6VO^{2+} + 2CH_3CHO + NO_3^- + 2H_2O$$

The reaction formula of DEHA and HNO_3:

$$3(CH_3CH_2)_2NOH + 2HNO_3 \longrightarrow$$

$$3CH_3CHO + 3CH_3CH_2NHOH + 2NO + H_2O$$

The reaction formula of DEHA and HNO_2 in HNO_3:

$$(CH_3CH_2)_2NOH + HNO_2 \longrightarrow$$

$$CH_3CHO + CH_3CH_2NHOH + NO + H^+$$

The reaction formula of DEHA and HNO_2 in $HClO_4$:

$$(CH_3CH_2)_2NOH + 7HNO_2 \xrightarrow{HClO_4}$$

$$CH_3CHO + CH_3CH_2OH + HNO_3 + 7NO + H^+ + 3H_2O$$

Key words N, N – dimethylhydroxylamine, N, N – diethylhydroxylamin, radiation degradation, oxido-reduction

目 录

第一章 绪 论

1.1 核电发展的趋势和我国核电的现状

随着社会发展,人民的生活水平越来越高,对能源的需求也越来越大. 传统的能源主要有煤、石油和天然气,其中后二者是比较干净的能源,这些能源都是不可再生资源,随着人类日益扩大的开采,地球上的这些资源将越来越少. 据国外有关资料预测:目前地球上可经济开采的石油还可维持 95 年,天然气可维持 1900 年,且这些能源主要分布在中东地区,因此,人们一直在寻找和研究其他新型的能源如:风能、水力能、波浪潮汐能、太阳能、核能等,以代替这些不可再生的能源. 前四项能源虽然干净,但费用太高,且技术不成熟. 核能是一种较新且应用较广的能源,这种能源的应用不会造成空气污染,也不会产生造成温室效应的二氧化碳,有利于环保;另外,核电在经济上也有竞争力,核能每度电的成本为 1.8 美分,煤为 2.1 美分,天然气为 3.5 美分. 尽管核电站建造的成本比常规发电厂高得多,但由于各国政府放宽政策和未来核电站的规模优势与设计的系统化、标准化,成本可大大降低;另外,经过几十年的研究和实践,核电技术已相当成熟,只要实行全面科学的管理,核电站完全可以安全运行. 正是由于核能的这些优点,世界上许多先进国家都非常重视开发利用核能. 目前,欧盟核能占总耗能的 15%,美国的核电占总发电量的 20%. 我国核电起步较晚,1991 年,我国第一座核电厂浙江秦山 30 万千瓦核电机组首次并网发电. 目前,我国共有六个核电项目、11 个核电机组,核电总规模为 913 万千瓦. 其中,已有 9 台机组投入商业运行,总规模 701 万千瓦,两台机组正

在建设中. 2003 年核能占总耗能的 2.3％,预计到 2020 年,核电将
占总耗能的 4％.

1.2 乏燃料的产生及其后处理的必要性

核能是原子核结构发生变化的过程中释放出来的能量,目前,人
类能够利用的核能是重核裂变能,它是由结合能较小的重原子核分
裂时放出的巨大能量. 某些重核素的原子核,吸收一个中子后,会分
裂成为两个较轻的原子核的反应,称为核裂变. 其原子核在中子作用
下容易发生裂变的物质,称为可裂变物质. 核裂变中产生较轻的新原
子核及其衰变产物.

世界上可裂变物质只有三种: ^{233}U、^{235}U 和 ^{239}Pu. ^{235}U 是唯一存
在于天然矿物中的核燃料. 但从铀矿中提炼出来的天然铀中, ^{235}U
的含量仅为 0.714％,另一个不为热中子分裂的同位素 ^{238}U 却占了
99.28％. ^{233}U 和 ^{239}Pu 在自然界中尚未发现,因此,只能用人工方法
来制造. 在生产核燃料的反应堆中, ^{232}Th 和 ^{238}U 吸收中子并经过一
系列的放射性衰变,分别生成 ^{233}U 和 ^{239}Pu.

可裂变物质原子核吸收一个中子发生裂变时,还会放出新
的中子,一般为 2.3 个,这些新产生的中子又能使可裂变物质的
其他原子核继续发生裂变,在一定条件下,裂变反应可以持续不
断地进行下去,这种反应就是裂变链式反应. 核反应堆就是一
种由裂变物质自行维持链式反应,可以人为控制反应快慢的
装置.

核燃料在反应堆内"燃烧"过程中,将产生大量裂变产物,其中有
一些会强烈地吸收中子,这些物质称为中子毒物. 当它们积累到一定
程度时,会影响反应堆的正常运行,因此,必须进行化学分离,将这些
中子毒物除去. 这种使用过一段时间,积累了一定中子毒物的燃料
被称为乏燃料. 这样,核燃料在反应堆内使用一次,就只能利用一部
分. 表 1.1 为某些类型反应堆乏燃料的组成[1].

表 1.1 某些类型反应堆乏燃料的组成

堆 型	重 水 堆	石墨气冷堆	轻 水 堆
燃 料	天然铀棒	铀金属棒	低加浓二氧化铀元件束（^{235}U 含量为 5%）
平均燃耗/(MWd/t)	400	4 000	33 000
乏燃料中裂变产物总量/(g/t)	400	4 160	35 000
Np	1.2	22	760
Pu	400	2 600	9 100
Am			150
Cm			35
U	999 200	992 500	955 000

  由表 1.1 可知：低浓缩铀做核燃料时，其乏燃料中存在着 95.5% 左右的铀，其中，^{235}U 燃料约占原始^{235}U 的 27% 左右. 另外，还有 0.9% 左右的 Pu 和 0.07% 的 Np，且 Pu 和 Np 含量随燃耗的增加而增加[2].

  U、Pu、Np 都是毒性核素[3]，铀是放射性毒物，放射寿命非常长，^{235}U 的半衰期为 7 亿年，^{238}U 的半衰期为 44.7 亿年；另外，铀又是化学毒物，可溶性铀化合物进入人体后，以 UO_2^{2+} 状态形成可溶性络合物而被吸收，主要蓄积在肾、骨骼、肝和脾中. 铀急性中毒会引起毒性肝炎、肾脏和神经系统的病变. 慢性中毒主要表现为肾脏病变.

  钚的 α 放射性很强，生物毒性很高，是一种极毒性的核素. 可溶性的钚气溶胶可通过肺黏膜到达血液系统. 可溶性钚盐也能被胃肠道吸收. 钚在机体 pH 下，易水解成难溶解的氢氧化物胶体或聚合物. 血液中的钚可与血浆蛋白形成络合物. 钚主要蓄积在骨和肝中.

吸入的难溶性的钚主要沉积在肺部的敏感部位——肺淋巴结处. ^{239}Pu 可引起机体炎症、坏死和广泛性纤维增生等病变,远期效应可致癌和缩短寿命.

^{237}Np 也属于极毒性核素. ^{237}Np 进入人体后,主要积聚在骨骼、肝和肾中,造成损伤,远期效应可引起骨肉瘤. 由于 ^{237}Np 的比活度比天然铀大 2 000 倍,辐射损伤效应更大. 另一方面,由于 ^{237}Np 的半衰期很长(2.1×10^6)年,而且比其他重金属 α 放射体更容易在环境中扩散、更容易被人体吸收,因此,人们认为 ^{237}Np 是 1 万到 3 千万年处置期后,残留在废液中最毒的物质[4].

由上可知:U、Pu 和 Np 都是毒性核素,如果不加以处理的话,就会给地球上的环境造成很大破坏,对地球上的生物带来很大威胁. 相反,如果将 U、Pu 和 Np 分离出来并加以提纯利用的话,则会给人类带来很大福音[3].

^{235}U 是唯一存在于天然铀矿物质中的核燃料,但从铀矿中提炼出来的天然铀中,^{235}U 的含量仅占 0.714%,因此,它是一种非常珍贵的物质. ^{238}U 则是可转换核燃料核素,即它在反应堆的中子照射下可转变为核燃料核素 ^{239}Pu[5]. ^{239}Pu 也是一种可裂变物质,可用作核武器和反应堆的核燃料. 由于 ^{239}Pu 的裂变截面(746b)比 ^{235}U(580b)大,且比 ^{235}U 容易获得,因此,它是一种比 ^{235}U 更优越的核燃料. 另外,从核武器的性能来说,钚弹效率比铀弹高,同样威力的钚弹装钚量只有铀弹装铀量的 1/3,所以,钚弹容易做到小型化. ^{238}Pu 是制备放射性核电池的良好材料,由于 ^{238}Pu 的半衰期适宜,比活度和热功率密度均较高,可用作宇宙飞行装置的能源,高纯度的 ^{238}Pu 还可作心脏起搏器的能源和中子源. 而 ^{237}Np 则可作为核反应堆中生产同位素 ^{238}Pu 的原料.

1.3 乏燃料后处理的流程

对于乏燃料的后处理,主要是分离回收其中的 U 和 Pu,使之作为可裂变材料重新使用,以节约资源,降低成本和消耗. 另外,将乏燃料中的裂变物质、Np 等超铀物质及其衰变产物分离出来[6],加以处理,使之能以稳定、无害的方式长期安全地贮存,减少环境污染. 另一方面,由于 Pu 和 Np 都是放射性很强的核素,而 U 的转化工艺是在非特殊防护下操作,因此,必须彻底除去 U 中的 Pu 和 Np.

对辐照核燃料的大规模后处理主要有两种方法:一种是沉淀法,另一种是溶剂萃取法. 最早开发的磷酸铋流程属沉淀法,接着开发的 REDOX 流程、TRIGLY 流程、BUTEX 流程和 PUREX 流程都是溶剂萃取法,只是所有的萃取剂、盐析剂等不同. 下面就各个流程[7-10]做一下介绍.

1.3.1 磷酸铋流程

1942 年,美国科学家首次用磷酸铋流程处理辐照过的核燃料. 首先用硝酸溶解辐照燃料,使 U、Pu 溶解为 U(Ⅵ)和 Pu(Ⅵ). 然后,用亚硝酸钠将 Pu(Ⅵ)还原为 Pu(Ⅳ),再加入硝酸铋和磷酸钠,使 Pu(Ⅳ)与磷酸铋共沉淀,从而与 U 及裂变物质分离. 这一流程缺点是只能回收 Pu,不能回收 U,不能连续运行. 另一方面,由于在后处理过程中加入了大量的无机盐,最终废液体积非常大.

1.3.2 REDOX 流程

从磷酸铋流程得到足够的 Pu 后,美国科学家就着手研究用溶剂萃取法处理辐照核燃料. 1951 年,开发了第一个溶剂萃取流程——REDOX 流程. 首先用重铬酸钠溶解辐照燃料,使 U、Pu 溶解为 U(Ⅵ)和 Pu(Ⅵ). 然后用甲基异丁基酮萃取 U(Ⅵ)和 Pu(Ⅵ). 接着,用亚铁磺酸钠将 Pu(Ⅵ)还原为不被甲基异丁基酮萃取的 Pu(Ⅳ),从而使 Pu 与 U 分离. 该流程以硝酸铝为盐析剂.

REDOX 流程的优点是可同时回收 U 和 Pu,可连续进行. 缺点是甲基异丁基酮易挥发、可燃;甲基异丁基酮与强硝酸接触时,会慢慢发生分解. 另一方面,由于大量不能挥发的盐析剂的使用,最终废液的体积很大.

1.3.3 TRIGLY 流程

在美国科学家开发 REDOX 流程期间,加拿大科学家开发了
TRIGLY 流程. 该流程以二氯化三甘醇为萃取剂,以硝酸和硝酸铵为
盐析剂. 由于在萃取剂二氯化三甘醇中,Pu(Ⅵ)比 U(Ⅵ)有较高的分
布系数,Pu 的回收率较高,U 的回收率较低.

1.3.4 BUTEX 流程

BUTEX 流程是英国科学家在 20 世纪 40 年代后期开发的. 该流
程以二丁基卡必醇为萃取剂,以硝酸为盐析剂. 高放废液中的硝酸经
蒸发后重新使用. 对于硝酸,二丁基卡必醇比甲基异丁基酮和二氯化
三甘醇稳定. 另外,由于用硝酸作为盐析剂,而硝酸能回收并重复使
用,这就大大减少了高放废液的体积,同时降低了生产成本.

1.3.5 PUREX 流程

PUREX 流程是美国科学家于 1950 年开发的. 首先用热硝酸溶
解乏燃料,使 U、Pu 溶解为 U(Ⅵ)和 Pu(Ⅵ). 然后加入二氧化氮或
亚硝酸钠,使 Pu(Ⅵ)转化为磷酸三丁酯(TBP)最易萃取的 Pu(Ⅳ).
再用 30% TBP 的煤油溶液萃取 U(Ⅵ)和 Pu(Ⅳ). 用亚铁或 U(Ⅳ)
等还原剂将 Pu(Ⅳ)还原为不被 TBP 萃取的 Pu(Ⅲ),从而实现 U、
Pu 分离. 以硝酸为盐析剂. 对于不锈钢或锆外壳的乏燃料,PUREX
流程的主要步骤如图 1.1 所示.

第一步:溶解的准备. 用机械方法将不锈钢或锆外壳打开.

第二步:乏燃料的溶解. 加入热硝酸,使乏燃料中的 U、Pu 等物
质溶解,其中 U、Pu 分别溶解为 U(Ⅵ)和 Pu(Ⅵ),而外壳不与硝酸反
应,从而可将其除去.

第三步:供料准备. 调节溶液的酸度,并用二氧化氮或亚硝酸钠
调节 Pu 的价态,使其从 Pu(Ⅵ)转化为 Pu(Ⅳ).

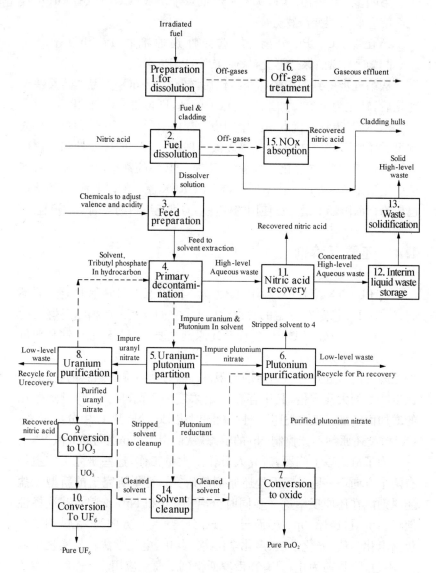

图 1. 1　PUREX 流程的主要步骤

第四步：共去污. 用 30％ TBP 的煤油溶液萃 U(Ⅵ)和 Pu(Ⅳ)，从而使它们与裂变产物分离.

第五步：U、Pu 分离. 用选择性还原剂将 Pu（Ⅳ）还原为 Pu(Ⅲ)，而 U(Ⅵ)保持不变，从而实现 U、Pu 分离.

从第五步得到的硝酸钚经纯化后，转化为 PuO_2 产品. 硝酸铀经纯化后，转化为 UO_3. 如果 U 需浓缩的话，则再将 UO_3 转化为 UF_6.

PUREX 流程的优点是：由于用硝酸作盐析剂，萃取剂 TBP 和硝酸都可循环使用，大大减少了最终废液的体积. TBP 的挥发性和可燃性比甲基异丁基酮、二氯化三甘醇、二丁基卡必醇的都小，并且在硝酸溶液中更稳定. 后处理的成本低. 基于 PUREX 流程的以上特点，该流程已成为目前国际上最广泛使用的处理动力堆乏燃料的溶剂萃取流程.

1.4 还原反萃剂

在 PUREX 流程中，利用 TBP 对不同价态 U、Pu 萃取能力的不同，将 U、Pu 稳定在一定的价态，从而将它们分离. 在国际乏燃料后处理厂中，用于分离 U、Pu 的反萃还原剂主要是氨基磺酸亚铁和四价铀. 这两类还原剂对于处理生产堆乏燃料还是比较好的，但对于动力堆乏燃料的后处理却有一定的局限性. 因为动力堆乏燃料的燃耗深，比生产堆的大几十倍，其中存在一定浓度的 Np，且 Np 含量随燃耗的增加而增加. 亚铁类还原剂不能同时将 Pu、Np 从 U 中分离出来；U(Ⅳ)类还原剂不能控制 Np 的价态，从而引起 Np 走向的分散[11].

为了解决以上问题，研究人员作了大量工作，这些研究工作主要有两个方向：一是新型无盐还原剂的研究：希望研究出的新型无盐还原剂能在还原反萃这一步同时分离出 Pu 和 Np，或者能够选择性地将 Np(Ⅵ)还原 Np（Ⅴ）而与 U、Pu 分离. 另一方向为"无试剂法"，包括电化学法、光化学法、声化学法等. 其中，电化学法较易实现工业化，不过，到目前为止，只有在俄罗斯得到了商业应用. 下面就各类还原反萃剂及其各自特点做一简单介绍：

1.4.1　$Fe(NH_2SO_3)_2$

最早使用的还原反萃剂是氨基磺酸亚铁[1]:

$$Fe^{2+} + Pu^{4+} \Longrightarrow Fe^{3+} + Pu^{3+} \tag{1}$$

Fe^{2+} 能快速将 Pu(Ⅳ)还原为 Pu(Ⅲ)，并与反萃液一起进入 Pu 线循环. PUREX 流程是在硝酸介质中进行的，硝酸受到料液辐照会发生分解产生 HNO_2. HNO_2 会与 Fe^{2+} 和三价锕离子发生下列反应:

$$Fe^{2+} + HNO_2 + H^+ \longrightarrow Fe^{3+} + H_2O + NO \tag{2}$$

$$Pu^{3+} + HNO_2 + H^+ \longrightarrow Pu^{4+} + H_2O + NO \tag{3}$$

生成的 NO 与溶液中的硝酸反应生成 HNO_2:

$$2NO + HNO_3 + H_2O \longrightarrow 3HNO_2 \tag{4}$$

这样,每产生 1 mol NO,在稀酸中便生成 1.5 mol HNO_2,因此,反应(2)和(3)是自动催化的. 为了防止 Fe^{2+} 和 Pu(Ⅲ)被 HNO_2 氧化,必须加入某种试剂来破坏 HNO_2,这种试剂一般被称为支持还原剂. 与亚铁离子合用的支持还原剂一般为氨基磺酸,它能快速与 HNO_2 反应:

$$NH_2SO_3^- + NO_2^- \longrightarrow N_2 + SO_4^{2-} + H_2O \tag{5}$$

这样,就可以抑制 HNO_2 对 Fe^{2+} 和 Pu(Ⅲ)的氧化. 氨基磺酸亚铁的优点是: 还原 Pu(Ⅳ)的速度非常快,即使在中等酸度的溶液中. 缺点: 由于 Fe^{2+} 还原 Pu(Ⅳ)的反应不完全[12],只有当 Fe^{2+} : Fe^{3+} 很大时,才能使 Pu(Ⅳ)还原完全,因此,流程所需的氨基磺酸亚铁是大大过量的,这样,就引入了大量铁离子,不利于废液的最终浓缩. 而溶剂萃取主工艺中产生的含盐二次废物又是后处理费用升高的因素之一[13]. 另外,作为支持剂的氨基磺酸的水解及其与亚硝酸的反应都会产生 SO_4^{2-}, SO_4^{2-} 会加速不锈钢设备的腐蚀.

1.4.2　U(Ⅳ)- NH₂NH₂

U(Ⅳ)能很快地将 Pu(Ⅳ)还原为 Pu(Ⅲ)：

$$U^{4+} + 2Pu^{4+} + 2H_2O \Longrightarrow UO_2^{2+} + 2Pu^{3+} 4H^+ \tag{6}$$

支持还原剂有氨基磺酸、肼和尿素，其中，肼最有效，它能快速将亚硝酸破坏[14, 15]：

$$N_2H_5^+ + HNO_2 \longrightarrow HN_3 + 2H_2O + H^+ \tag{7}$$

U(Ⅳ)作为 Pu(Ⅳ)的反萃还原剂的优点是：U(Ⅳ)及其氧化产物 U(Ⅵ)都能被 TBP 萃取，不引入铁、SO_4^{2-} 等杂质，得到的硝酸钚比较纯净．缺点是为了使 Pu(Ⅳ)完全还原，U(Ⅳ)- NH₂NH₂ 的用量也是大大过量的．支持还原剂肼会与亚硝酸生成危险的叠氮酸和氨离子，当锝(TC)存在时，这些生成物的量会大大增加[16]；U(Ⅳ)容易被硝酸、亚硝酸和空气氧化而失效；如果用在还原反萃加浓铀燃料元件料液，将导致铀同位素的稀释．

1.4.3　NH₂NH₂，NH₂OH 还原剂

Fe(NH₂SO₃)₂ 和 U(Ⅳ)- NH₂NH₂ 还原剂的最大优点是能快速将 Pu(Ⅳ)还原，但它们都需大大过量．Fe^{2+} 的大大过量增加了废液的体积，不利于废液的最终处置．U(Ⅳ)- NH₂NH₂ 中，肼会与亚硝酸生成危险的叠氮酸；U(Ⅳ)容易被硝酸、亚硝酸和空气氧化而失效．因此，人们希望能使用无盐还原剂，以克服这两种还原剂的不足．NH₂OH 和 NH₂NH₂ 是最早引起人们注意的，因为它们都能将 Pu(Ⅳ)还原为 Pu(Ⅲ)；在一定条件下，都能分解为气体．肼还原 Pu(Ⅳ)的方程式为：

$$2N_2H_4 + 2Pu^{4+} \Longrightarrow N_2 + 2NH_4^+ + 2Pu^{3+} \tag{8}$$

羟胺还原 Pu(Ⅳ)的方程式为：

$$2NH_3OH^+ + 4Pu^{4+} = N_2O + 4Pu^{3+} + H_2O + 6H^+ \quad (9)$$

J. M. Mckibben[17] 等详细地研究了 $NH_2OH—HNO_3$、$NH_2OH—H_2SO_4$、$NH_2NH_2—HNO_3$、$NH_2NH_2—H_2SO_4$ 和 Pu(Ⅳ) 的氧化还原反应. 得到的结果如图 1.2 所示.

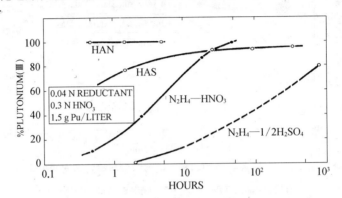

图 1.2　不同还原剂与 Pu(Ⅳ)的氧化还原反应

如图 1.2 所示,肼与 Pu(Ⅳ)的反应非常慢,无法应用于乏燃料后处理的 U、Pu 分离. 羟胺与 Pu(Ⅳ)反应的速度较快,其中,$NH_2OH—HNO_3$ 的反应速度更快,反应也比较完全.

$NH_2OH—HNO_3$ 主要优点是羟胺可完全分解为气体和水,不会污染产品,废液体积小. 但由于在较高酸度下,羟胺与 Pu(Ⅳ)的反应速率相对较低,不适合用于 PUREX 流程第一循环的 U、Pu 分离,但可应用于 Pu 纯化的循环,因为该循环反萃液中的硝酸浓度较低,羟胺还原 Pu(Ⅳ)的速度较快.

1.4.4　新型有机无盐还原剂

在 PUREX 流程中,当用 $Fe(NH_2SO_3)_2$、U(Ⅳ)—NH_2NH_2 和 NH_2OH 作为还原剂,用逆流液萃取法还原反萃 Pu(Ⅳ)时,常常发现有相当量的 Pu 流失到有机相,从而引起 Pu 的损失. Y. K. SZE 等[18, 19]认为:这是由于有机相中 Pu(Ⅲ)被硝酸氧化而造成的. Y.

K. SZE 等研究了萃取时间、水溶液中 Pu(Ⅲ)和硝酸浓度对 Pu 损失的影响. 图 1.3 为有机相和含 Pu 水相混合振荡不同时间后,有机相中 Pu(Ⅳ)和亚硝酸浓度与静置时间的关系.

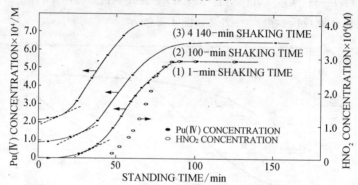

图 1.3　有机相中 Pu(Ⅳ)和亚硝酸浓度与静置时间的关系

有机相:30% TBP, 10% 二乙基苯, 60% ISOPARA
水　相:Pu(Ⅲ):4×10^{-2} M, HNO_3: 0.5 M,HAN: 0.3 M

从图 1.3 可以看出:有机相中 Pu(Ⅳ)浓度与静置时间的关系曲线均为 S 形,说明有机相中 Pu(Ⅲ)和硝酸的反应是自动催化的,即反应被反应产物所催化. 从图 1.3 也可以看出:有机相中亚硝酸浓度略低于 Pu(Ⅳ)浓度,也就是说,亚硝酸的产生是滞后于 Pu(Ⅳ)的,Pu(Ⅳ)浓度与亚硝酸浓度之比约为 2:1,由此可以推出 Pu(Ⅲ)和硝酸的反应方程式为:

$$2Pu^{3+} + NO_3^- + 3H^+ \longrightarrow 2Pu^{4+} + HNO_2 + H_2O \qquad (10)$$

图 1.4 为有机相与不同体系的水相混合振荡不同时间后,有机相中 Pu(Ⅳ)的浓度与振荡时间的关系:

从图 1.4 可以看出:当水溶液中 Pu(Ⅲ)或硝酸浓度较低时,有机相中产生的 Pu(Ⅳ)浓度是不高的;当水溶液中 Pu(Ⅲ)浓度为 4×10^{-2} M,硝酸浓度为 1.5 M 时,随着混合振荡时间的增加,有机相中 Pu(Ⅳ)的浓度明显增加. 通过进一步的研究,推出了有机相中,Pu(Ⅲ)与硝酸氧化还原反应的机理:

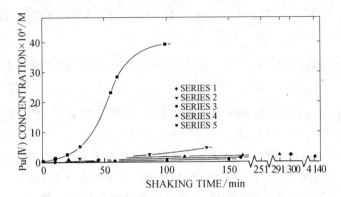

图 1.4   有机相与不同体系水相混合振荡不同时间后，有机相中 Pu(Ⅳ)浓度与振荡时间的关系

Series 1   Pu(Ⅲ)：2×10^{-2} M   HNO$_3$：1. 0 M   HAN：0. 3 M
Series 2   Pu(Ⅲ)：8×10^{-2} M   HNO$_3$：1. 0 M   HAN：0. 3 M
Series 3   Pu(Ⅲ)：4×10^{-2} M   HNO$_3$：0. 5 M   HAN：0. 3 M
Series 4   Pu(Ⅲ)：4×10^{-2} M   HNO$_3$：1. 1 M   HAN：0. 3 M
Series 5   Pu(Ⅲ)：4×10^{-2} M   HNO$_3$：1. 5 M   HAN：0. 3 M

1. 初始阶段：

$$Pu(NO_3)_3 \cdot 3TBP + 2HNO_3 \longrightarrow$$

$$Pu(NO_3)_4 \cdot 2TBP + H_2O + NO_2 + TBP \qquad (11)$$

$$Pu(NO_3)_3 \cdot 3TBP + NO_2 \longrightarrow Pu(NO_3)_3(NO_2) \cdot 2TBP + TBP \qquad (12)$$

$$Pu(NO_3)_3(NO_2) \cdot 2TBP + HNO_3 \rightleftharpoons Pu(NO_3)_4 \cdot 2TBP + HNO_2 \qquad (13)$$

2. 自动催化阶段：

$$HNO_2 + HNO_3 \rightleftharpoons H_2O + N_2O_4 \qquad (14)$$

$$\Downarrow$$

$$2NO_2$$

$$Pu(NO_3)_3 \cdot 3TBP + NO_2 \longrightarrow Pu(NO_3)_3(NO_2) \cdot 2TBP + TBP$$
(15)

$$Pu(NO_3)_3(NO_2) \cdot 2TBP + HNO_3 \Longrightarrow Pu(NO_3)_4 \cdot 2TBP + HNO_2$$
(16)

由上述反应机理可知,有机相产生的亚硝酸催化了硝酸对 Pu(Ⅲ)的氧化,因此,若要防止有机相中 Pu(Ⅲ)的氧化,必须破坏有机相产生的亚硝酸. 常用的支持还原剂氨基磺酸、肼和羟胺都是水溶性的,它们能快速与水中的亚硝酸反应,从而阻止水中 Pu(Ⅲ)的氧化. 但它们不溶于有机溶剂,无法破坏有机相中的亚硝酸,因此,无法稳定有机相中的 Pu(Ⅲ). 这是 PUREX 流程 U、Pu 分离中 Pu 损失的主要原因,也可能是 U、Pu 分离所需还原剂大大过量的原因.

为了稳定有机相中的 Pu(Ⅲ),必须加入有机支持还原剂,以破坏有机相中的亚硝酸. Y. K. SZE[20]等在这方面也做了大量的研究工作. 图 1.5 为几种有机物对有机相中的 Pu(Ⅲ)的稳定作用.

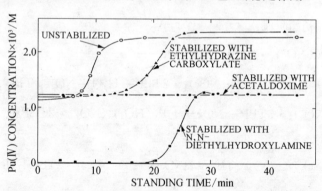

图 1.5 有机相与水相混合振动 2 min 后,有机相中 Pu(Ⅳ)

浓度与静置时间的关系水相:Pu:4.2×10^{-2}〔95% Pu(Ⅲ),5% Pu(Ⅳ)〕
HNO_3:1.5 M, HAN:0.3 M 有机相:30% TBP, 10% 二乙基苯, 60% ISOPARA

由图 1.5 可以看出:不加有机相支持还原剂时,有机相中 Pu(Ⅲ)被氧化的诱导期为 6.5 min 左右,加入乙基肼的羧酸盐后,诱导期延长至 15 min,说明乙基肼的羧酸盐对有机相中的 Pu(Ⅲ)有一定的稳定作用;乙醛肟的加入则使诱导期延长至 24 h;DEHA 加入后,诱导期为20 min,但这一试剂有一显著特点,它能将有机相中残留的 Pu(Ⅳ)还原,使其浓度降为 0,说明 DEHA 既能还原 Pu(Ⅳ),又能稳定 Pu(Ⅲ),即具有还原剂和支持还原剂二种功能. DEHA 是中等强度的还原剂,它们本身被氧化后的主要产物可能为醇、醛、氮气和氮氧化物等不成盐成分,因此,如果它能被应用于 PUREX 流程的话,就可克服 $Fe(NH_2SO_3)_2$ 和 $U(Ⅳ)-NH_2NH_2$ 的缺点,既不引入盐,也不会生成叠氮酸.

Y. K. SZE 等还研究了其他有机还原剂对有机相 Pu(Ⅲ)的稳定作用,这些还原剂包括:胺类、羟胺类、酰胺类、胱类、尿素类、肼类和肟类等近四十个有机物,结果表明:硝基苯胺、苯基肼、N,N-二甲基肼、丁醛肟、甲乙酮肟、叔戊基氢醌等都对有机相中的 Pu(Ⅲ)有较好的稳定作用. 其中,苯基肼、丁醛肟、叔戊基氢醌与 DEHA 一样,对有机相中的 Pu(Ⅳ)有还原作用,对 Pu(Ⅲ)有稳定作用.

俄国研究人员 KOLTUNOV[16] 等人对有机支持还原剂也做了大量的工作. 初步研究表明:肼类衍生物能快速与亚硝酸反应,尽管其反应速度比肼和亚硝酸的反应速度低几倍,但不会生成叠氮酸根离子、硝酸铵和其他盐. KOLTUNOV 等人也研究了肼衍生物与 Np(Ⅵ)和 Pu(Ⅳ)的反应动力学. 研究表明:肼衍生物与 Np(Ⅵ)的反应速率比与 Pu(Ⅳ)的反应速率要高得多. 表 1.2 为肼衍生物与 Np(Ⅵ)和 Pu(Ⅳ)的一级反应速度常数.

表 1.2　肼衍生物与 Np(Ⅵ)和 Pu(Ⅳ)的一级反应速度常数

还 原 剂	k'/min^{-1}	
	$Np(Ⅵ) \rightarrow Np(Ⅴ)$	$Pu(Ⅳ) \rightarrow Pu(Ⅲ)$
N_2H_4	1.40	0.000 85
$CH_3N_2H_3$	5.66	0.004 30
$(CH_3)_2N_2H_2$	4.80	0.002 40
$CH_3N_2H_2CH_3$	11.80	0.015 00

$T=25℃$,HNO_3:1.0 M,还原剂浓度:0.1 M,离子强度:$\mu=2$.

　　从表 1.2 可知,肼衍生物与 Np(Ⅵ)的反应速率比与 Pu(Ⅳ)的反应速率要快 800～1 000 倍. 利用这一特点,可以使用某些肼类还原剂从 U(Ⅵ)、Np(Ⅵ)和 Pu(Ⅳ)中选择性地还原反萃 Np(Ⅵ),从而实现 Np 与 U、Pu 分离. 表 1.3、表 1.4 为 1,1-二甲基肼(DMH)在不同温度下,还原 Np(Ⅵ)至 99％时所需时间以及 Np(Ⅵ)被还原 99％时,Pu(Ⅲ)的生成率[21].

表 1.3　不同温度下,DMH 还原 Np(Ⅵ)至 99％时所需时间

$T/℃$	$c(\mathrm{H^+})$：M	$c(\mathrm{DMH})$：M	$k'/\mathrm{min^{-1}}$	$k^{1)}/\mathrm{min^{-1}}$	$\tau_{99}^{2)}/\mathrm{min}$
25	1.0	0.01	0.47	47.7	1.0
25	3.0	0.01	0.17	52.8	2.6
35	1.0	$7.4×10^{-3}$	0.81	109	0.42
35	3.0	$7.4×10^{-3}$	0.30	122	1.1

注：1) $k=k'c(\mathrm{HNO_3})c^{-1}(\mathrm{DMH})$；2) $c(\mathrm{DMH})=0.1$ M.

表 1.4　不同温度下,DMH 还原 Pu(Ⅳ)的速度常数和还原 Np(Ⅵ)至 99％时 Pu(Ⅲ)生成率

$T/℃$	$c(\mathrm{H^+})$：M	$c(\mathrm{DMH})$：M	$k'/\mathrm{min^{-1}}$	$k^{1)}/\mathrm{min^{-1}}$	Pu(Ⅲ)的生成率/％
25	1.0	0.1	2.4	24	0.24
25	1.0	0.2	4.95	24.8	0.25
25	3.0	0.1	0.90	27	0.23
35	1.0	0.1	7.60	76	0.32
35	1.0	0.1	6.97	69.7	0.29
35	3.0	0.1	2.70	81	0.30

注：1) $k=k'c(\mathrm{HNO_3})c^{-1}(\mathrm{DMH})$.

　　由表 1.3 可知,DMH 对 Np(Ⅵ)具有很强的还原能力,在很短的时间内,就可将 99％的 Np(Ⅵ)还原为 Np(Ⅴ);由表 1.4 可知:DMH 对 Pu(Ⅳ)的还原能力较弱,在同一条件下,当 Np(Ⅵ)的还原率大于 99％时,Pu(Ⅳ)的还原率不超过 0.4％,因此,DMH 有望用于 PUREX 流程 U、Pu 和 Np 的分离.

UCHIYAMA 等[22]的研究表明：n-丁醛能将 Np(Ⅵ)还原为 Np(Ⅴ)，但不能将 Np(Ⅴ)还原为 Np(Ⅳ)，也不能将 Pu(Ⅳ)还原为 Pu(Ⅲ)；而异丁醛既能将 Np(Ⅵ)还原为 Np(Ⅴ)，也能将 Pu(Ⅳ)还原为 Pu(Ⅲ)，不过后者的速率比前者慢很多. 表 1.5 为 n-丁醛还原 Np(Ⅵ)和 Pu(Ⅳ)的一级表观反应速率常数之比、还原 Np(Ⅳ)至 99%所需时间以及 Np(Ⅳ)被还原 99%时，Pu(Ⅲ)的生成率[21].

表 1.5 n-丁醛还原 Np(Ⅵ)和 Pu(Ⅳ)的一级表观反应速率常数之比、还原 Np(Ⅳ)至 99%所需时间以及 Np(Ⅳ)被还原 99%时，Pu(Ⅲ)的生成率

T /℃	K'_{Np}/k'_{Pu}	τ_{99} /min	Pu(Ⅲ)的生成率/%
25	250	20.0	1.80
35	490	6.2	0.93

由表 1.5 可知，当 99%的 Np(Ⅵ)被还原为 Np(Ⅴ)时，Pu(Ⅲ)生成率小于 2%. n-丁醛这种特性，可用于 Pu、Np 的分离. 比较表 1.5 与表 1.3 可知：DMH 还原 Np(Ⅵ)的速率比 n-丁醛的大得多，因此，用 DMH 分离 Pu 和 Np 更好.

中国原子能研究院张先业研究员[23-30]等也研究过单甲基肼、DMH 和 2-羟基乙基肼与 Np(Ⅵ)的反应动力学及其在 PUREX 流程中 U、Np 分离的研究. 结果表明：2-羟基乙基肼还原 Np(Ⅵ)的效果比单甲基肼、DMH 的好，有希望应用于 PUREX 流程 U，Np 的分离.

KOLTUNOV[16]等人也研究过 2-羟基乙基肼、苯基肼和羟胺衍生物与 Np(Ⅵ)和 Pu(Ⅳ)的反应动力学，结果如表 1.6 所示.

表 1.6 肼衍生物和羟胺衍生物与 Np(Ⅵ)和 Pu(Ⅳ)的反应速率常数

还原剂	Np(Ⅵ)→Np(Ⅴ)		Pu(Ⅳ)→ Pu(Ⅲ)	
	k'/min^{-1}	k'/min^{-1}	k''/(L/mol·min)	k'_1/min^{-1}
HOC$_2$H$_4$N$_2$H$_3$	25.1	0.07		
C$_6$H$_6$N$_2$H$_3$	306*	∽9		

续　表

还原剂	Np(Ⅵ)→Np(Ⅴ)		Pu(Ⅳ)→ Pu(Ⅲ)	
	k'/min^{-1}	k'/min^{-1}	$k''/(\text{L/mol}\cdot\text{min})$	k_1'/min^{-1}
CH_3NHOH	7.8*			190
$(CH_3)_2NOH$	25.2		$\infty 1\times10^4$**	
$(C_2H_5)_2NOH$	3.01		1.06×10^5	

* $\mu=2$　** $\mu=3$

　　由表 1.6 可知,DMHA,DEHA 对 Np(Ⅵ)和 Pu(Ⅳ)的反应速率常数都较大. 表 1.7 为羟胺衍生物还原 Pu(Ⅳ)和 Np(Ⅵ)至 99% 时所需时间[16].

表 1.7　羟胺衍生物还原 Pu(Ⅳ)和 Np(Ⅵ)至 99% 时所需时间

羟胺衍生物	τ_{99}/min	
	Pu(Ⅳ)	Np(Ⅵ)
NH_2OH	3×10^4	0.3
CH_3NHOH	2.2×10^3	0.8
$(CH_3)_2NOH$	15	0.3
$(C_2H_5)_2NOH$	2	3.1

　　由表 1.7 可知,DMHA, DEHA 将 99% Pu(Ⅳ)和 Np(Ⅵ)还原所需的时间很短,其中,DEHA 所需的时间更短,3.1 min 内即可将 99% Pu(Ⅳ)和 Np(Ⅵ)还原. 利用这一特性,就可将 Pu 和 Np 一起从 U、Pu、Np 溶液中反萃下来. 由于 [237]Np 是可以在核反应堆内燃烧的毒物,燃料中的少量 [237]Np 不会影响电力的产生,因此,不必进一步从 Pu 中去 Np[12]. 如果 DMHA, DEHA 能够用于 PUREX 流程第一循环 U、Pu 分离的话,将大大简化乏燃料后处理的流程,从而减少乏燃料后处理的费用.

综上所述，DMHA，DEHA 不仅能快速地将易被 TBP 萃取的 Pu(Ⅳ)和 Np(Ⅵ)还原成不易被 TBP 萃取的 Pu(Ⅲ)和 Np(Ⅴ)，并且在一定条件下能使 Pu(Ⅲ)和 Np(Ⅴ)稳定共存较长时间，且不引入其他杂质，克服了以往还原剂存在的不足，为实现 U 中分离 Pu、Np 提供了条件，成为具有明显应用前景的新型还原剂[21]. 然而，放射性元素的回收分离工作都是在强辐射环境下进行的，在这种条件下，还原剂可能发生辐解. 这不仅会影响还原剂本身的还原能力，而且还原剂的辐解产物可能会干扰放射性核素的回收. 到目前为止，羟胺衍生物的辐解研究还未见报道. 我们希望通过对羟胺衍生物辐解的研究，了解它们在气相和液相的辐解产物，并探索其辐解的机理. 另外，选择对 γ 辐射比较稳定的羟胺衍生物，并选择与 Pu(Ⅳ)和 Np(Ⅵ)结构和性质较为相似的钒 V(Ⅴ)，研究羟胺衍生物与 V(Ⅴ)氧化还原反应的产物及其反应条件对产物的影响，从而为进一步研究羟胺衍生物与 Pu(Ⅳ)和 Np(Ⅵ)的反应产物打下基础. 再者，模拟 PUREX 流程，研究羟胺衍生物与硝酸和亚硝酸氧化还原反应的产物，同时研究反应产物浓度与反应条件的关系，从而为其应用于 PUREX 流程提供重要参考依据.

1.5　本论文的主要研究工作

（1）研究 DMHA，DEHA 在不同介质，不同剂量下，辐解产生的气态和液态产物及其含量，以及 DMHA，DEHA 本身浓度的变化，并探索 DMHA，DEHA 水溶液辐解的机理.

（2）模拟实际的 PUREX 流程，研究硝酸对 DMHA，DEHA 辐解产物的影响.

（3）选择对 γ 辐照比较稳定的羟胺衍生物，研究在各种条件下，羟胺衍生物与 V(Ⅴ)氧化还原反应的产物及其含量，并由此推出羟胺衍生物与 V(Ⅴ)氧化还原反应的方程式.

（4）模拟实际的 PUREX 流程，研究在各种条件下，羟胺衍生物与硝酸和亚硝酸氧化还原反应的产物及其含量,并由此推出羟胺衍生物与硝酸和亚硝酸氧化还原反应的方程式.

1.6　本论文的研究结果

(1) DEHA 水溶液辐解产生的气态产物主要有氢气、甲烷、乙烷、乙烯;液态产物要有乙醛、乙醇、乙酸和铵离子.

(2) 当 DEHA 浓度为 0.1~0.5 M,剂量为 10~1 000 kGy 时,氢气的体积分数最高达 0.24,乙烯、甲烷和乙烷体积分数最高分别达 0.013、0.007、0.001 5. 当 DEHA 浓度为 0.1~0.2 M 时,乙醛、乙醇、乙酸和铵离子浓度低于 0.03 M;当 DEHA 浓度为 0.3~0.5 M 时,乙醛、乙醇和乙酸浓度变化不大,但铵离子浓度有较大的增加,最高达 0.16 M. DEHA 辐解率随其浓度的增大而减少,当 DEHA 浓度为 0.5 M,剂量为 1 000 kGy 时,辐解率为 25%.

(3) DMHA 水溶液辐解产生的气态产物主要有氢气和甲烷;液态产物主要有甲醛和铵离子.

(4) 当 DMHA 浓度为 0.1~0.5 M,剂量为 10~1 000 kGy 时,气相中氢气的体积分数最高达 0.30,甲烷的体积分数最高达 3.4×10^{-4}. 液态产物中,甲醛浓度为 0.10~0.16 M,铵离子浓度为 $2.4 \times 10^{-3} \sim 6.1 \times 10^{-2}$ M. DMHA 水溶液对辐射非常敏感,当剂量为 500 kGy 时,DMHA 已完全辐解.

(5) 提出了 DMHA 和 DEHA 水溶液辐解的机理,该机理能较好地解释实验结果.

(6) 研究了不同浓度硝酸对 DEHA 水溶液辐解产生的气态和液态产物的影响. 气相中的氢气、甲烷、乙烷、乙烯的体积分数都减少了;液相中的乙醛和乙酸浓度增大了,而乙醇浓度却大大减少了,没有铵离子. 硝酸介质中的 DEHA 对辐照是很敏感的,含 1.0 M 硝酸的 0.2 M DEHA 吸收 500 kGy 剂量后,即完全降解.

(7) 研究了不同浓度硝酸对 DMHA 水溶液辐解产生的气态和

液态产物的影响. 气相中氢气和甲烷的体积分数都减少了, 液相中甲醛浓度也减少了, 没有铵离子. 硝酸介质中 DMHA 对辐射更敏感, 含 1.0 M 硝酸的 0.2 M DMHA 吸收 100 kGy 剂量后, 即完全降解.

(8) 研究了 DEHA 与 V(V)、硝酸和亚硝酸氧化还原反应的产物及其与反应条件的关系. 硝酸不存在时, NH_4VO_3 和 DEHA 不反应; 硝酸存在时, NH_4VO_3 和 DEHA 反应的方程式为:

$$6VO_3^- + (CH_3CH_2)_2NOH + 13H^+ \rightleftharpoons$$

$$6VO^{2+} + 2CH_3CHO + NO_3^- + 2H_2O$$

DEHA 与硝酸反应的方程式为:

$$3(CH_3CH_2)_2NOH + 2HNO_3 \longrightarrow$$

$$3CH_3CHO + 3CH_3CH_2NHOH + 2NO + H_2O$$

在硝酸介质中, DEHA 与亚硝酸反应的方程式为:

$$(CH_3CH_2)_2NOH + HNO_2 \longrightarrow$$

$$CH_3CHO + CH_3CH_2NHOH + NO + H^+$$

在高氯酸介质中, DEHA 和亚硝酸反应的方程式为:

$$(CH_3CH_2)_2NOH + 2HNO_2 \longrightarrow$$

$$3CH_3CHO + 3CH_3CH_2OH + 2NO + H_2O$$

1.7 本论文的理论意义和实用价值

(1) 有关 DMHA 和 DEHA 的辐解研究, 国内外文献尚未见报道, 本论文的研究填补了这项空白.

(2) DMHA 和 DEHA 是有机物, 这两种有机物的辐解产物及辐解机理还不清楚. 本论文详细地定性定量地研究了它们在各种条件下辐解产生的气态和液态产物及其含量,提出了 DMHA,DEHA 水溶液辐解产生气态和液态产物的机理,这些机理较好地解释实验结果. 这些研究结果丰富了有机化合物辐射化学学科.

(3) DEHA 与 V(Ⅴ)、硝酸和亚硝酸氧化还原反应产物的研究也未曾见报道,本项研究也填补了这项空白.

(4) 本论文的研究成果将为 DMHA 和 DEHA 能否应用于乏燃料后处理提供重要的参考依据.

第二章 DEHA 辐解及其机理的研究

2.1 DEHA 辐射产生的氢气和一氧化碳的定性定量分析

DEHA 作为一种新型的无盐还原剂,能快速还原 Pu(Ⅳ)和 Np(Ⅵ),并使 Pu(Ⅲ)和 Np(Ⅴ)稳定共存较长时间[31];另一方面,DEHA 被氧化后不会产生盐类化合物,这样就可减少废液中的含盐量,从而降低处理成本并减少对环境的影响,因此,它是一种很有应用前景的还原剂[21]. 然而,DEHA 在强辐射环境下会发生分解,这不仅影响还原剂的还原能力,而且其辐解产物可能会影响流程的正常运行. 空气存在时,DEHA 辐解涉及的永久性气体可能有氢气、氧气、氮气、甲烷和一氧化碳,对于这类气体的分析常用 5 Å 分子筛色谱柱与热导型检测器(TCD)联用的气相色谱法[32-34]. 本文也采用这种方法,分别以氩气和氢气为载气,研究 DEHA 水溶液辐解产生的氢气和一氧化碳,从而为 DEHA 在 PUREX 流程中的应用提供参考依据.

2.1.1 实验部分

2.1.1.1 实验仪器

^{60}Co 源装置:中科院上海应用物理研究所;GC900A 气相色谱仪、5 Å 分子筛不锈钢填充柱(ϕ 3 mm×2 m),上海科创色谱有限公司.

2.1.1.2 样品及其纯度分析

DEHA:中国原子能科学研究院提供,气相色谱分析纯度为 98.6%. 分析条件:色谱柱为 FFAP 毛细柱(ϕ 0.25 mm×25 m),柱温:60℃,载气:N_2,流量:40 mL/min,检测器温度:130℃.

2.1.1.3　标准混合气体

上海计量物理研究所，组成为：H_2，3.35%；CO，0.097%；CH_4，1.052%；CH_3CH_3，0.954%；C_2H_4，0.099%；C_3H_8，0.049%；C_3H_6，0.046%；$n-C_4H_{10}$，0.956%；$1-C_4H_8$，0.053%；$cis-2-C_4H_8$，0.056%；$trans-2-C_4H_8$，0.053%；N_2，93.235%.

2.1.1.4　样品的准备及辐照

用去离子水配制 0.1、0.2、0.3 和 0.5 M 的 DEHA 水溶液，然后，取 4 mL 该溶液于 7 mL 的青霉素小瓶中，盖上橡胶盖及铝盖，最后，用封口机封口．样品辐照是在 3.6×10^{15} Bq 的 ^{60}Co 源装置中进行的，剂量为 10、50、100、500、1000 kGy．剂量测定是用硫酸亚铁剂量计、重铬酸银剂量计和重铬酸钾（银）剂量计．

2.1.2　结果和讨论

2.1.2.1　气相色谱分析条件的确定

文献[32-34]报道，5 Å 分子筛填充柱能较好地分离 H_2、N_2、O_2、CO 和 CH_4，由于 N_2、O_2、H_2 和 CO 在氢火焰离子化检测器（FID）上没有响应，所以，一般用 TCD 来检测这些组分．样品是在空气存在的情况下辐照，瓶内本来就存在着 N_2、O_2，故对这两种气体不作研究；对于甲烷，在 FID 上也有响应，且 FID 灵敏度比 TCD 的高，所以甲烷的定性定量分析采用大口径三氧化二铝毛细柱和 FID 联用的气相色谱法，为此，本文主要研究氢气和一氧化碳的定性定量分析．TCD 检测器是以组分的热导系数为基础，某组分与载气的热导系数相差越大，那么，该组分在 TCD 上的响应也越大．各种气体的热导系数如表 2.1 所示．

表 2.1　永久性气体的热导系数

	He	H_2	CH_4	N_2	CO	Ar
$t=0℃$	34.8	41.6	7.2	5.8	5.6	4.0
$t=100℃$	41.6	53.4	10.9	7.5	7.2	5.2

由表 2.1 可看出,He、H_2 的热导系数大,其他气体的热导系数小,故永久性气体的分析一般以 He、H_2 为载气. 由于样品中含有 H_2,所以不能用 H_2 作载气. 理论上,He 可以作载气,只是 H_2 将为负峰,因为 H_2 的热导系数比 He 的大,而其他气体的热导系数都比 He 的小. 另外,据文献[33]报道:He 作载气分析 N_2、H_2、CO 和 CH_4 时,H_2 不但为负峰且峰形不好;而用 Ar 作载气分析 N_2、H_2、CO 和 CH_4 时,H_2 为正峰且各种组分的峰形较好,所以,选择 Ar 作载气,但由于其他组分的热导系数与 Ar 的相近,故它们在 TCD 上的响应较小. 文献[32-34]报道:用 5Å 分子筛填充柱分析 N_2、H_2、CO 和 CH_4 的最佳分析条件为:色谱柱温度:50℃;气化室温度:80℃;TCD 温度:80℃. 首先采用该条件分析标准混合气体,结果如图 2.1 所示.

采用保留时间对照法定性分析各个峰. 由图 2.1 可知:在这种条件下,分离情况良好,但只出现了 H_2、N_2 和 CH_4 三个峰,CO 峰没有出来. 降低温度,分离效果更好了,但只出现 H_2、N_2 二个峰. 造成这种现象有两个原因:一是因为温度越低,组分与载气的热导系数相差越小,组分在热导型检测器上的响应也越小;二是温度越低,后出峰的保留时间越长,峰形越差、出峰越困难. 于是,将柱温升高为 70℃,同时升高 TCD 温度至 100℃,得到的色谱图示于图 2.1.

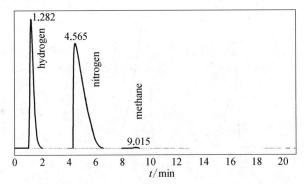

图 2.1　以氩气为载气,标准混合气体中永久性气体的气相色谱

柱温:50℃　TCD 温度:80℃　载气流量:9.2 mL/min

从图 2.2 可看出,柱温升高后,峰形改善,尤其是第三小峰,但 CO 峰还是没有出来. 继续升高柱温,氢气和氮气峰间距离越来越小,而 CO 峰始终没有出来. 这是由于 CO 与载气 Ar 的热导系数相近,而标准混合气体中 CO 浓度又很低(0.1%)的缘故. 上述结果表明:在现有条件下,不可能同时分析氢气和一氧化碳. 于是,先考虑氢气的分析. 通过实验得到:当柱温为 85℃,TCD 温度为 110℃时,氢气和氮气峰分离较好且分析时间很短,其色谱图示于图 2.3.

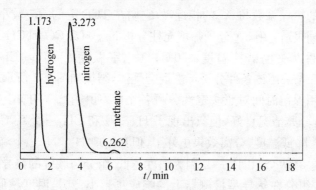

图 2.2　以氩气为载气,标准混合气体中永久性气体的气相色谱图

柱温:70℃　TCD 温度:100℃　载气流量:9.2 mL/min

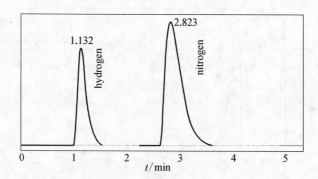

图 2.3　以氩气为载气,标准混合气体中永久性气体的气相色谱图

柱温:85℃　检测器温度:110℃　载气流量:9.2 mL/min

由表 2.1 可知，H_2 的热导系数大，如果用 H_2 作载气，CO 在 TCD 上的响应该大些，只是这时 H_2 峰将不再出现。在柱温为 50℃，检测器温度为 80℃ 的条件下得到的结果如图 2.4 所示。

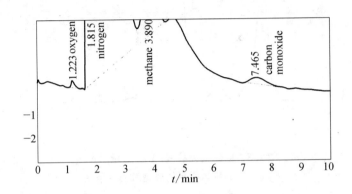

图 2.4　以氢气为载气，标准混合气体中永久性气体的气相色谱图

柱温：50℃　TCD 温度：80℃　载气流量：19 mL/min

CO 峰出现且峰形尚可；升高温度，则峰形变差。由此可知：在 CO 浓度较低的情况下，用 5Å 分子筛填充柱分析氢气和一氧化碳时，应该分两步走：一是以 Ar 作载气，定性定量分析 H_2；二是以 H_2 作载气，定性定量分析 CO.

2.1.2.2　DEHA 辐解产生的氢气和一氧化碳的定性分析

在分别与图 2.3、图 2.4 相同的条件下，用气密注射器抽取辐照样品瓶中顶部的气体，注入气相色谱仪中进行分析，得到的典型色谱图示于图 2.5、图 2.6.

比较图 2.3 和图 2.5 可知，DEHA 辐解产生的气体样品中确实存在氢气，其在给定条件下的保留时间为 1.1 min 左右。同样，比较图 2.4 和图 2.6 可知，DEHA 辐解产生的气体样品中确实存在一氧化碳，其在给定的条件下的保留时间为 7.4 min 左右。

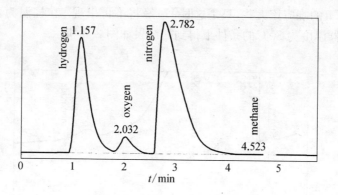

图 2.5　以氩气为载气，DEHA 辐解产生
的气体样品的典型气相色谱图

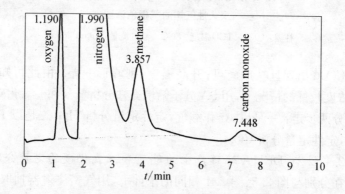

图 2.6　以氢气为载气，DEHA 辐解产生
的气体样品的典型气相色谱图

2.1.2.3　DEHA 辐解产生的氢气和一氧化碳的定量分析

　　DEHA 辐解产生的氢气和一氧化碳的定量分析选用外表法．氢
气和一氧化碳的工作曲线分别示于图 2.7 和图 2.8．

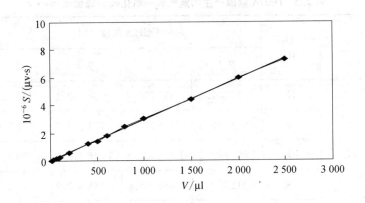

图 2.7　氢气的工作曲线

$y = -22\ 611.4 + 1\ 304.1x \quad \rho = 0.999\ 8$

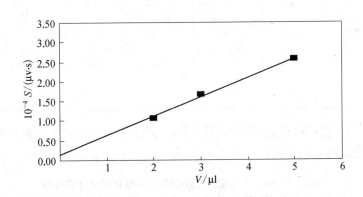

图 2.8　一氧化碳的工作曲线

$y = 1\ 435.1 + 4\ 876.9x \quad \rho = 0.997\ 8$

在与分析标准混合气体相同的条件下,注入一定量的气体样品,就可得到气体样品中某组分的峰面积. 不同剂量,不同浓度 DEHA 辐解产生的氢气和一氧化碳的峰面积列于表 2.2.

表 2.2　DEHA 辐解产生的氢气和一氧化碳的峰面积/μv·s

	D /kGy	DEHA 浓度 /M			
		0.1	0.2	0.3	0.5
H₂	10	11 822.3	221 300.7	193 352.1	173 837.5
	50	919 323.3	816 825.3	731 581.5	771 778.9
	100	1 489 883.3	1 644 530.8	1 646 418.0	1 830 262.8
	500	5 942 752.1	5 613 215.0	5 786 557.0	5 112 267.0
	1 000	7 779 915.0	9 237 057.0	7 239 080.0	7 945 120.0
CO	10	0	0	0	0
	50	0	0	0	0
	100	0	0	0	0
	500	3 174.0	5 816.0	2 806.4	3 504.8
	1 000	4 184.0	10 500.4	8 176.0	6 932.0

通过计算,得到不同剂量,不同浓度 DEHA 辐解产生的氢气和一氧化碳的体积分数列于表 2.3.

表 2.3　DEHA 辐解产生的氢气和一氧化碳的体积分数

	D /kGy	DEHA 浓度/M			
		0.1	0.2	0.3	0.5
$H_2/10^{-3}$	10	0.884 5	6.266	5.548	5.046
	50	24.20	21.56	19.37	20.41

D /kGy	DEHA 浓度/M			
	0.1	0.2	0.3	0.5
$H_2/10^{-3}$ 100	38.85	42.83	42.87	47.60
500	153.2	144.8	149.2	131.9
1 000	200.4	237.9	186.5	204.7
$CO/10^{-3}$ 10	0	0	0	0
50	0	0	0	0
100	0	0	0	0
500	0.345 9	0.871 3	0.272 7	0.411 7
1 000	0.546 7	1.803	1.340	1.093

　　从表 2.3 可以看出,氢气的体积分数随剂量的增大而增大,但与 DEHA 浓度的关系不大;当剂量小于 500 kGy 时,没有一氧化碳产生,而当剂量大于等于 500 kGy 时,有一氧化碳产生但体积分数很低.

2.1.3　结论

　　(1) 用 5 Å 分子筛填充柱与热导型检测器联用的气相色谱法,定性定量分析了 DEHA 水溶液辐解产生的氢气和一氧化碳.

　　(2) 氢气的体积分数随着剂量的增加而增加,与 DEHA 的浓度关系不大.

　　(3) 一氧化碳只有在很高剂量时才产生且体积分数很低.

2.2 DMHA 和 DEHA 辐解可能产生的气态烃的色谱分析条件的研究

2.2.1 引言

DMHA,DEHA 辐解产生的气态烃可能有甲烷、乙烷、丙烷、丁烷、乙烯、丙烯及丁烯等. 钱溶吉等[34]用氧化铝填充柱与 TCD 联用的气相色谱法,分析了磷酸三正丁酯各异构体辐解产生的气态烃类,甲烷、乙烷、乙烯、丙烷、丙烯、异丁烷和正丁烷分离得比较好,但四碳烯烃没有分离开来;辛仁轩等[35]用 GDX - 102 填充柱和 FID 联用的气相色谱法分析了三烷基氧化膦降解产生的气态烃,甲烷、乙烷、乙烯和反 2 - 丁烯分离得较好,但丙烷和丙烯、正丁烯和顺丁烯及反丁烯都没有完全分离开来. 本文主要研究大口径氧化铝毛细柱和 FID 联用的气相色谱法分析 DMHA、DEHA 辐解产生的气态烃的最适条件.

2.2.2 实验部分

^{60}Co 源装置、气相色谱仪、标准混合气体:同前;氧化铝石英玻璃毛细柱 ϕ 0.53 mm×50 m,中科院兰州化学物理研究所.

2.2.3 结果和讨论

DMHA 的分子结构为 $(CH_3)_2NOH$,DEHA 的分子结构为 $(CH_3CH_2)_2NOH$,受到 γ 射线辐照时,它们发生分解产生氢气、低碳烃等气体[36],低碳烃主要是由于 C—C 及 C—N 键断裂而生成的[37]. 对 DMHA 而言,只能发生 C—N 断裂而生成 $CH_3\cdot$,$CH_3\cdot$ 与 DMHA 发生抽氢反应生成 CH_4,也能发生自身自由基重合反应而生成 CH_3CH_3;DEHA 既能发生 C—C 键断裂,生成 $CH_3\cdot$,也能发生 C—N 键断裂,生成 $CH_3CH_2\cdot$,$CH_3\cdot$ 可发生进一步反应生成 CH_4 和 CH_3CH_3,$CH_3\cdot$ 也能与 $CH_3CH_2\cdot$ 反应而生成 C_3H_8;而 $CH_3CH_2\cdot$ 除了能与 DEHA,$CH_3\cdot$ 反应生成 CH_3CH_3 与 C_3H_8 外,也能发生自身自

由基重合反应生成 n-C_4H_{10}. 因此 DMHA 和 DEHA 辐解可能产生的饱和烃主要有 CH_4,C_2H_6,C_3H_8 和 n-C_4H_{10}. 而 C_2H_6、C_3H_8 和 n-C_4H_{10} 受到 γ 射线作用会生成相应的烯烃即 C_2H_4,C_3H_6 和 C_4H_8[38]. 其中,丁烯比较复杂,若双键在旁边,则为 1-C_4H_8;若双键在中间,则有顺反异构体 cis-2-C_4H_8 和 trans-2-C_4H_8. 综上所述,DMHA 和 DEHA 受到 γ 射线辐照时,可能产生的低碳烃主要有 CH_4、C_2H_6、C_2H_4、C_3H_8、C_3H_6、n-C_4H_{10}、1-C_4H_8、cis-2-C_4H_8 和 trans-2-C_4H_8.

根据 DMHA、DEHA 的结构和有机物辐解的机理,推测了可能产生的各类烃的浓度,配制了标准混合气体,并以此为基础,研究氧化铝毛细柱和 FID 联用的气相色谱法分析 DMHA、DEHA 辐解产生的气态烃的条件.

为了使样品中的各组分分离,柱温不能设置得太高,但为了使样品中的水分子不吸附在色谱柱上,又要求柱温设置得高些,为此柱温采用程序升温. 首先,采用一阶程序升温,具体的分析条件及色谱图如图 2.9 所示.

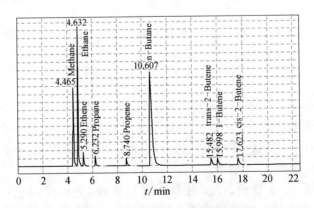

图 2.9　以氧化铝毛细柱为色谱柱,标准混合气体的色谱图

柱温:初温:70℃,初温保持时间:2 min,升温速率:3℃/min,终温:200℃,终温保持时间:1 min,FID 温度:250℃

采用保留时间对照法定性分析各组分. 由图 2.9 可知,各个组分基本分开了,但甲烷、乙烷、乙烯的保留时间相隔仅 0.4 min 左右. 考虑到这几个组分是主要组分且将要研究的体系比较复杂,组分可能较多,因此,希望前几个组分尽量分得开些. 为此降低色谱柱的初温至 50℃、延长初温保持时间为 10 min、降低升温速率至 2℃/min、终温降至 150℃,同时降低 FID 温度至 200℃,使之与色谱柱温度相匹配,得到的结果如图 2.10 所示.

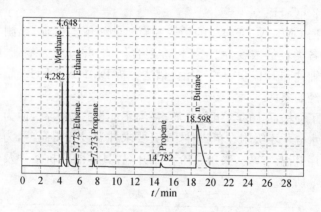

图 2.10   以氧化铝毛细柱为色谱柱,标准混合气体的色谱图

柱温:初温:50℃,初温保持时间:10 min,升温速率:2℃/min,
终温:150℃,终温保持时间:1 min. FID 温度:200℃

前几组分的峰间距确实增大了些,分离效果得到了改善,但第 6 峰明显拖尾,且 30 min 时,后三组分还没有出来. 为了进一步改善分离效果,同时缩短分析时间,柱温采取二阶程序升温,具体分析条件和色谱图如图 2.11 所示.

由图 2.11 看出,各组分分离得比较好,分析时间也不长. 进一步将色谱柱的初温降低为 40℃,以使前四个峰分离得更好. 具体条件和色谱图示于图 2.12,各组分都分离得很好,总的分析时间也不长.

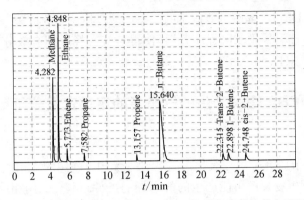

图 2.11　以氧化铝毛细柱为色谱柱，标准混合气体的色谱图

柱温：二阶程序升温：第一阶：初温：50℃，初温保持时间：8 min，升温速率：6℃/min，终温：86℃，终温保持时间：1 min. 第二阶：初温：86℃，初温保持时间：1 min，升温速率：3℃/min，终温：200℃，终温保持时间：1 min. FID 温度：250℃

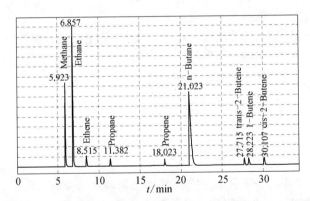

图 2.12　以氧化铝毛细柱为色谱柱，标准混合气体的色谱图

柱温：二阶程序升温：第一阶：初温：40℃，初温保持时间：9 min，升温速率：6℃/min，终温：88℃，终温保持时间：1 min. 第二阶：初温：88℃，初温保持时间：1 min，升温速率：3℃/min，终温：200℃，终温保持时间：1 min. FID 温度：250℃

2.2.4　结论

（1）建立了大口径氧化铝毛细柱与高灵敏度 FID 联用，分析

DMHA、DEHA 辐解可能产生的气态烃的气相色谱分析法.

（2）柱温采用二阶程序升温,使得各气态烃得到有效分离,且分析时间不太长.

2.3　DEHA 辐解产生的气态烃的定性定量分析

2.3.1　引言

2.2 节研究了用三氧化二铝毛细柱与 FID 联用的气相色谱法,分析羟胺衍生物辐解可能产生的气态烃的条件. 本文采用相同的方法及类似的条件,定性定量分析 0.2 M DEHA 水溶液辐解产生的气态烃.

2.3.2　实验部分

2.3.2.1　仪器及标准气体

^{60}Co 源装置、GC900A 气相色谱仪、三氧化二铝石英玻璃毛细柱、标准混合气体:同前.

2.3.2.2　样品及其纯度分析同前

2.3.2.3　样品的准备及辐照

0.2 M DEHA 水溶液的配制及辐照同前.

2.3.3　结果和讨论

2.3.3.1　DEHA 辐解产生的气态烃的定性分析

用类似于 2.2 节得到的条件分析标准混合气体,得到的色谱图示于图 2.13.

由图 2.13 可知,标准混合气体中气态烃的各组分都分离得较好,且分析时间不长. 在同样条件下,用气密注射器抽取辐照样品瓶中顶部的气体,注入气相色谱仪中进行分析,得到的典型色谱图示于图 2.14.

比较图 2.13 和图 2.14 可知,DEHA 辐照后的气体样品中确实存在甲烷、乙烷、乙烯、丙烷、丙烯、正丁烷、反-2-丁烯、1-丁烯和顺-2-丁烯.

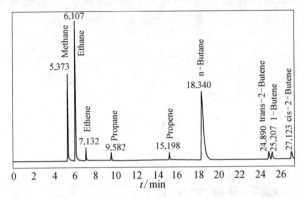

图 2.13 标准混合气体的色谱图

柱温：二阶程序升温：第一阶：初温：40℃，初温保持时间：9 min，升温速率：6℃/min,终温：88℃,终温保持时间：1 min. 第二阶：初温：88℃,初温保持时间：1 min,升温速率：3℃/min,终温：130℃,终温保持时间：1 min. FID 温度：180℃

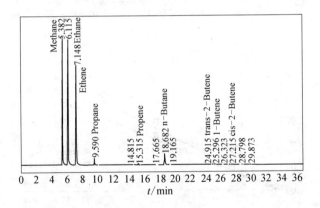

图 2.14 DEHA 辐解产生的气体样品的典型气相色谱图

2.3.3.2 DEHA 辐解产生的气态烃的定量分析

由于气体产物中某些组分在 FID 上没有响应,所以不能用归一法定量分析气态烃浓度；另一方面，本研究需要分析的样品数目很大，用内标法分析将很不方便，所以，选用外标法[39]来定量分析气态烃的浓度. 各组分的工作曲线示于图 2.15～图 2.18.

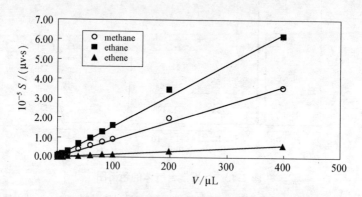

图 2.15　甲烷、乙烷和乙烯的工作曲线

$CH_4: y = 538.5 + 903.8x \quad \rho = 0.9988$
$C_2H_6: y = -3893.5 + 1702.1x \quad \rho = 0.9991$
$C_2H_4: y = -108.8 + 152.2x \quad \rho = 0.9988$

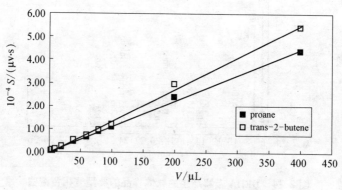

图 2.16　丙烷和反-2-丁烯的工作曲线

$C_3H_8: y = -59.2 + 111.0x \quad \rho = 0.9990$
$trans-2-C_4H_8: y = -441.7 + 137.7x \quad \rho = 0.9985$

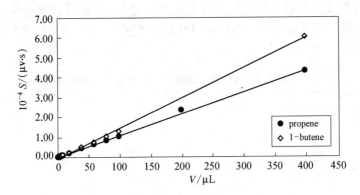

图 2.17　丙烯和 1–丁烯的工作曲线

C_3H_6：$y=-72.2+109.5x$　$\rho=0.9989$

$1-C_4H_8$：$y=-552.1+151.4x$　$\rho=0.9995$

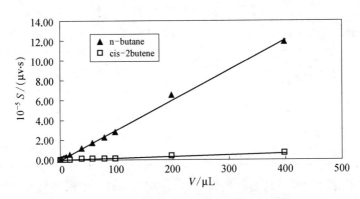

图 2.18　正丁烷和顺–2–丁烯的工作曲线

$n-C_4H_{10}$：$y=-4\,250.1+3\,031.7x$　$\rho=0.9986$

$cis-2-C_4H_8$：$y=-563.2+151.8x$　$\rho=0.9982$

　　在与分析标准混合气体相同的条件下,注入一定量的气体样品,就可得到某组分的响应面积,根据某组分的响应面积及该组分的工作曲线及方程式,就可得到注入的气体样品中该组分的体积相当于多少标准混合气体中所含的该组分的体积,然后,再根据该组分在标准混合气体中的含量及气体样品的实际进样量,计算出该组分在气体样品中的体积分数. 分析不同剂量辐照过的样品,得到的结果列入表 2.4.

表 2.4　0.2 M DEHA 水溶液辐解产生的气态烃的体积分数/10^{-6}

剂 量/kGy		10	50	100	500	1 000
各组分的体积分数/10^{-6}	甲　烷	316.3	542.3	704.9	1 879	2 917
	乙　烷	29.77	63.83	196.3	924.4	1 475
	乙　烯	206.4	1 271	3 698	8 970	3 531
	丙　烷	0.818 9	1.488	8.552	32.96	76.23
	丙　烯	1.047	2.501	5.104	8.579	9.333
	正丁烷	15.03	13.93	20.40	51.64	137.9
	反-2-丁烯	0	2.963	4.378	2.932	4.886
	1-丁烯	0	0	0	5.788	6.130
	顺-2-丁烯	0	0	0	2.642	4.004

由表 2.4 可知,当剂量为 10 kGy 时,DEHA 水溶液辐解产生的气态烃有甲烷、乙烷、乙烯、丙烷、丙烯和正丁烷;当剂量高于 50 kGy 时,体系中有微量的反-2-丁烯产生;当剂量高于 500 kGy 时,体系中有微量的 1-丁烯和顺-2-丁烯产生. 另外,从表 1 也能看出:甲烷、乙烷、丙烷和正丁烷的体积分数都随着剂量的增大而增大;丙烯的体积分数比较小,随剂量的变化也不明显;而乙烯的体积分数先随着剂量的增大而增大,但当剂量大于 500 kGy 时,其体积分数明显减少,这是由于当剂量高于一定值时,生成的 $CH_2\!=\!CH_2$ 的浓度已经较高,

当它们受到 γ 射线的进一步辐照时,部分 $CH_2 = CH_2$ 的双键被打开而生成其他产物的缘故.

2.3.4 结论

(1) 用三氧化二铝毛细柱与 FID 联用的气相色谱法,定性定量分析了 0.2 M DEHA 水溶液辐解产生的气态烃.

(2) 当剂量为 10~1 000 kGy 时,DEHA 水溶液辐解产生的气态烃主要有甲烷、乙烷、乙烯、丙烷和正丁烷.

(3) 甲烷、乙烷、丙烷和正丁烷的体积分数随剂量的增加而增加,而乙烯的体积分数先是随剂量的增加而增加,而当剂量大于 500 kGy,其体积分数则随剂量的增加而明显减少.

2.4 DEHA 辐解产生的气态产物的研究及其机理探索

2.4.1 引言

TBP 为萃取剂的 PUREX 流程是水法乏燃料后处理所采用的基本流程,该流程涉及到一种还原反萃剂,它能将 Pu(Ⅳ)还原为 Pu(Ⅲ),从而将 U、Pu 分离. 目前,乏燃料后处理厂所用还原反萃剂主要是 $Fe(NH_2SO_3)_2$ 和 U(Ⅳ)- NH_2NH_2,它们的最大优点是能快速地将 Pu(Ⅳ)还原,但它们在 PUREX 流程第一循环使用时都需大大过量. $Fe(NH_2SO_3)_2$ 的大大过量会引入大量铁离子,不利于废液的最终浓缩;氨基磺酸水解及其与亚硝酸反应都会产生 SO_4^{2-},SO_4^{2-} 会加速不锈钢设备的腐蚀. U(Ⅳ)- NH_2NH_2 的大大过量也不好:肼会与亚硝酸反应生成危险的叠氮酸;U(Ⅳ)容易被硝酸、亚硝酸和空气氧化而失效. 另一方面,这两类还原剂用于处理生产堆乏燃料还是比较好的,但对于动力堆乏燃料的后处理却有一定的局限性.动力堆乏燃料的燃耗深,比生产堆的乏燃料大几十倍,其中存在一定浓度的 Np,且 Np 含量随燃耗的增加而增加. 亚铁还原剂不能同时将 Pu、Np 从 U 中分离出来;U(Ⅳ)还原剂不能控制 Np 的价态,从而引起 Np 走向的分散. 因此,人们一直致力于新型还原剂的研究,以克服上述二类还原剂的缺点. 据文献[20-31]报道,DEHA 能快速地将 Np(Ⅵ)和 Pu(Ⅳ)还原为不易被 TBP 萃取的 Np(Ⅴ)和 Pu(Ⅲ),并且 Np(Ⅴ)和 Pu(Ⅲ)能相对稳定地存在于酸性溶液中,从而实现 U 中去 Np、Pu;另外,DEHA 用作还原剂时,不会产生大量的盐,有利于废液的最终浓缩,因此,DEHA 是一种很有应用前景的新型还原剂[21]. 前几节定性定量分析了 DEHA 辐解产生的氢气和一氧化碳及 0.2 M DEHA 辐解产生的气态烃. 本文主要研究 DEHA 水溶液辐解产生各类气态产物的机理,并用该机理解释 DEHA 水溶液辐解产生的主要气态产物与剂量及 DEHA 浓度的关系.

2.4.2　实验部分

^{60}Co 源装置、气相色谱仪、5Å 分子筛不锈钢填充柱、三氧化二铝石英玻璃毛细柱、标准混合气体、样品及其纯度分析同前. 样品准备及辐照:同 2.1 节.

2.4.3　结果和讨论

2.4.3.1　DEHA 水溶液辐解产生的氢气与剂量的关系

2.1 节定性定量分析了 DEHA 水溶液辐解产生的氢气和一氧化碳,结果表明:DEHA 水溶液辐解产生的氢气的体积分数很高,而一氧化碳只有在很高剂量时才产生且体积分数很低. 图 2.15 为不同浓度 DEHA 水溶液辐解产生的氢气与剂量的关系.

从图 2.15 可以看出:氢气的体积分数随剂量的增大而增大,最高达 0.24. 另外,氢气体积分数与 DEHA 浓度的关系不大. 这是因为:有机物稀水溶液的辐射化学效应主要是溶剂辐解产生的活性粒子与溶质间的反应所引起[40]. 在 DEHA 水溶液中,溶剂水受到 γ 辐射时,发生反应产生 H·、·OH、e_{aq}^-、H_2、H_2O_2 和 H^+ 等活性粒子:

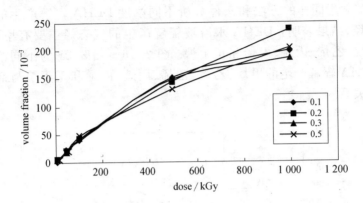

图 2.15　DEHA 辐解产生的氢气的体积分数与剂量的关系

$$H_2O \rightsquigarrow \cdot H,\ \cdot OH,\ e^{-1}aq,\ H_2,\ H_2O_2,\ H^+ \qquad (1)$$

其中,H· 与 DEHA 发生抽氢反应生成氢气:

$$\cdot H + CH_3CH_2N(C_2H_5)OH \longrightarrow H_2 + CH_3\dot{C}HN(C_2H_5)OH \quad (2)$$

剂量越大,产生的 H· 浓度越大,生成氢气的体积分数也就越高. 当有机物浓度较高时,γ 射线可能直接与溶质作用生成 H·:

$$CH_3CH_2N(C_2H_5)OH \rightsquigarrow CH_3\dot{C}HN(C_2H_5)OH + H\cdot \quad (3)$$

DEHA 浓度越高,反应(3)生成的 H· 浓度也就高;另一方面,DEHA 浓度越高,溶剂水浓度也就越低,反应(1)生成的 H· 浓度也就越低. 如果反应(3)增加的 H· 浓度大于反应(1)减少的 H· 浓度,则 DEHA 浓度的增加将引起总的 H· 浓度的增加,氢气浓度也将增加; 反之,氢气浓度则减少. 实验表明:当 DEHA 浓度从 0.1 M 增加到 0.5 M 时,氢气体积分数变化不大,说明反应(3)增加的 H· 浓度与反应(1)减少的 H· 浓度相当.

2.4.3.2　DEHA 水溶液辐解产生的气态烃的体积分数与剂量的关系

2.3 节定性定量分析了 0.2 M DEHA 水溶液辐解产生的气

态烃,用同样的方法和条件分析不同浓度 DEHA 辐解产生的气
态烃,结果表明:DEHA 水溶液辐解产生的气态烃主要有甲烷、
乙烷、乙烯、丙烷、丙烯和正丁烷. 图 2.16~图 2.21 为不同浓度
DEHA 辐解产生的甲烷、乙烷、乙烯、丙烷、丙烯和正丁烷与剂量
的关系.

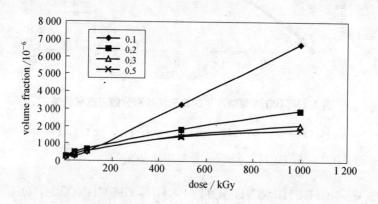

图 2.16　DEHA 辐解产生的甲烷体积分数与剂量的关系

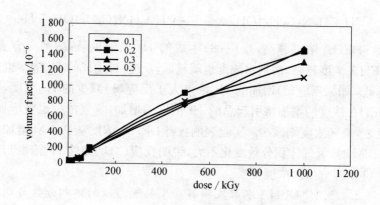

图 2.17　DEHA 辐解产生的乙烷体积分数与剂量的关系

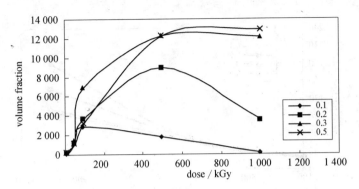

图 2.18 DEHA 辐解产生的乙烯体积分数与剂量的关系

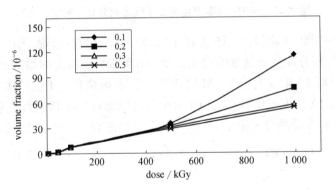

图 2.19 DEHA 辐解产生的丙烷体积分数与剂量的关系

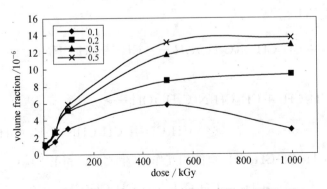

图 2.20 DEHA 辐解产生的丙烯体积分数与剂量的关系

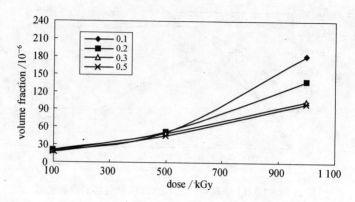

图 2. 21   DEHA 辐解产生的正丁烷体积分数与剂量的关系

由图 2. 16、图 2. 17、图 2. 19、图 2. 21 可知,甲烷、乙烷、丙烷和正丁烷的体积分数随着剂量的增加而增加,随 DEHA 浓度的增加而减少.但当 DEHA 浓度大于 0. 3 M 后,甲烷、乙烷、丙烷和正丁烷的体积分数随 DEHA 浓度变化不明显. DEHA 水溶液辐解产生低碳烃主要是由于 DEHA 受激分子发生 C—N 和 C—C 键断裂反应[37]而形成:

$$(CH_3CH_2)_2NOH \longrightarrow C—N 断裂:\cdot CH_2CH_3;C—C 断裂:\cdot CH_3$$

$$(4)$$

$CH_3 \cdot$ 和 $CH_3CH_2 \cdot$ 与 DEHA 发生抽氢反应(5)、(6)生成 CH_4 和 CH_3CH_3:

$$\cdot CH_3 + CH_3CH_2N(C_2H_5)OH \longrightarrow CH_4 + CH_3\dot{C}HN(C_5H_5)OH$$

$$(5)$$

$$\cdot CH_2CH_3 + CH_3CH_2N(C_3H_5)OH \longrightarrow$$

$$CH_3CH_3 + CH_3\dot{C}HN(C_2H_5)OH \quad (6)$$

$\cdot CH_3$ 和 $\cdot CH_3CH_2$ 也能相互作用,生成丙烷和正丁烷:

$$\cdot CH_3 + \cdot CH_2CH_3 \longrightarrow CH_3CH_2CH_3 \quad (7)$$

$$\cdot CH_2CH_3 + \cdot CH_2CH_3 \longrightarrow CH_3CH_2CH_2CH_3 \qquad (8)$$

随着剂量的增加,方程式(4)生成自由基浓度越高,方程式(5)~(8)生成的各类饱和烃的浓度也就越高,所以,饱和烃体积分数随剂量的增加而增加. DEHA 浓度增大,方程式(3)、(5)和(6)生成的 DEHA 自由基浓度也就越大,该自由基与甲基、乙基自由基反应:

$$\cdot CH_3 + CH_3\overset{\cdot}{C}HN(C_2H_5)OH \longrightarrow CH_3\overset{\overset{\displaystyle CH_3}{|}}{C}HN(C_2H_5)OH \qquad (9)$$

$$\cdot CH_2CH_3 + CH_3\overset{\cdot}{C}HN(C_2H_5)OH \longrightarrow CH_3\overset{\overset{\displaystyle CH_2CH_3}{|}}{C}HN(C_2H_5)OH \qquad (10)$$

这样,甲基、乙基自由基浓度就会减少,(5)~(8)生成的各类饱和烃的浓度也就减少,因此,饱和烃的体积分数随 DEHA 浓度增加而减少.

从图 2.17 和图 2.19 可以看出,乙烯和丙烯的体积分数随 DEHA 浓度的增大而增大;乙烯和丙烯的体积分数与剂量的关系则与 DEHA 的浓度有关:当 DEHA 的浓度较低时,乙烯和丙烯的体积分数先是随着剂量的增加而增加,当剂量达一定值时,则随着剂量的增加而减少;当 DEHA 浓度较高时,乙烯和丙烯的体积分数先也随着剂量增加而增加,但当剂量达一定值后,乙烯和丙烯的体积分数基本保持不变. 乙烯和丙烯的产生机理可能为:

$$\cdot CH_2CH_3 + CH_3\overset{\cdot}{C}HN(C_2H_5)OH \longrightarrow$$
$$CH_2 = CH_2 + CH_3CH_2N(C_2H_5)OH \qquad (11)$$

$$CH_3CH_2CH_3 \longrightarrow CH_3\overset{\cdot}{C}HCH_3 + H\cdot \qquad (12)$$

$$CH_3\overset{\cdot}{C}HCH_3 + CH_3\overset{\cdot}{C}HN(C_2H_5)OH \longrightarrow$$
$$CH_3CH = CH_2 + CH_3CH_2N(C_2H_5)OH \qquad (13)$$

随着剂量的增加,生成的乙基和丙基的浓度也增加,所以生成的乙烯和丙烯的体积分数随剂量增大而增大. 但由于乙烯和丙烯的 Ⅱ 键具有较低的电离电位,当剂量达到一定值时,生成的乙烯和丙烯容易与其他自由基发生加成反应:

$$CH_3(H)CH = CH_2 + Y \cdot \longrightarrow CH_3(H)\overset{\cdot}{C}HCHCHY \qquad (14)$$

DEHA 浓度较低时,剂量达到一定值后,液相中的 DEHA 浓度已经很低,反应(11)、(13)生成乙烯和丙烯的速率小于它们的加成反应(14)的速率,因此,乙烯和丙烯的体积分数随着剂量的增加而减少. 而当 DEHA 浓度较高时,剂量达到一定值后,体系中还有一定浓度 DEHA,乙烯和丙烯的生成速率与它们的加成速率相当,因此它们的体积分数随剂量的变化不明显. 另外,当 DEHA 浓度增大时,其辐解产生的 DEHA 自由基的浓度越高,方程式(11)和(13)生成的乙烯和丙烯也就越多,因此,乙烯和丙烯的体积分数随 DEHA 浓度的增加而增加.

图 2.22～图 2.25 为不同浓度 DEHA 辐解产生的低碳烃的体积分数与剂量的关系.

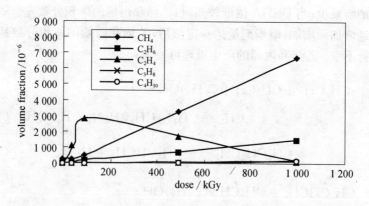

图 2.22　0.1 M DEHA 辐解产生的气态烃的体积分数与剂量的关系

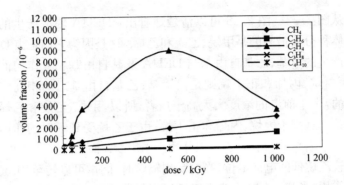

图 2.23　0.2 M DEHA 辐解产生的气态烃的体积分数与剂量的关系

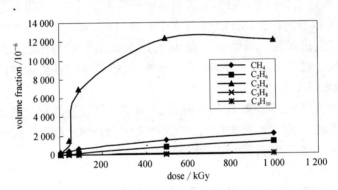

图 2.24　0.3 M DEHA 辐解产生的气态烃的体积分数与剂量的关系

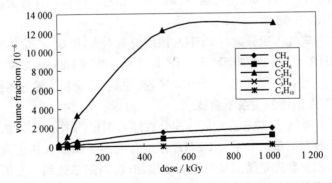

图 2.25　0.5 M DEHA 辐解产生的气态烃的体积分数与剂量的关系

从图 2.22~图 2.25 可以清楚地看出：DEHA 辐解产生的气态烃中体积分数最高的是甲烷、乙烷和乙烯. 这是因为它们是由 DEHA 辐解产生的甲基、乙基自由基与 DEHA 及其自由基相互作用而产生的，而丙烷、丙烯和正丁烷则是由甲基、乙基自由基之间相互作用而产生的，由于前者的浓度大大高于后者，所以，甲烷、乙烷和乙烯的体积分数远远高于丙烷、丙烯和正丁烷；由于乙烷受到辐射的作用会发生碳—碳断裂，因此，它的体积分数小于甲烷. 而乙烯分子中的 π 键具有较乙烷低的电离电位，当它受到辐射时，能量可以转至 π 键而起保护作用，所以，乙烷的键比乙烯的容易断裂，在剂量率不高的情况下，乙烯比乙烷稳定，因此，前者的体积分数大于后者. 从图 2.22~图 2.25 可以看出：当 DEHA 浓度大于 0.3 M 时，其辐解产生的乙烯的体积分数远远高于甲烷和乙烷，最高达 0.013，甲烷与乙烷的最高体积分数分别为 0.007 和 0.001 5. 另外，辐解产生的各类烃的体积分数随 DEHA 浓度的变化不明显.

比较图 2.15 和图 2.16~图 2.21 可知：氢气的体积分数远远高于烃类的体积分数，最大达 0.24，这和文献[41-43]报道的许多含氧有机化合物的辐解行为是一致的.

2.4.3.3 结论

（1）DEHA 水溶液辐解产生的气态产物中，氢气的体积分数最高，最高达 0.24，其次是乙烯，乙烯、甲烷和乙烷的体积分数最高分别达 0.013、0.007、0.001 5.

（2）氢气体积分数与 DEHA 浓度关系不大，甲烷、乙烷体积分数随 DEHA 浓度的增加而减少，而乙烯体积分数随 DEHA 浓度的增大而增大. 当 DEHA 浓度大于 0.3 M 时，甲烷、乙烷和乙烯的体积分数与 DEHA 浓度的关系不明显.

（3）氢气、甲烷和乙烷的体积分数随着剂量的增加而增加. 乙烯体积分数与剂量的关系与 DEHA 浓度有关：当 DEHA 浓度较低时，乙烯体积分数先是随剂量的增加而增加，但当剂量达到一定值时，反而随剂量的增加而减少. 当 DEHA 浓度大于 0.3 M 时，乙烯体积分数先也是随剂量的增加而增加,但当剂量大于 500 kGy 时,乙烯和丙烯的体积分数随剂量的变化不明显.

2.5 DEHA 水溶液辐解产生的液相有机物的定性定量分析

2.5.1 引言

根据有机物辐解机理,DEHA 辐解产生的液态有机物可能有乙醇、乙醛、乙酸、硝基乙烷及 DEHA 的降解产物 N-一乙基羟胺,由于它们都是沸点比较低的有机物,理论上可以用气相色谱进行定性定量分析. 乙醇、乙醛和乙酸的气相色谱分析报道得较多[44-46],主要是用极性色谱柱进行分析. 硝酸乙烷[47]、DEHA[48] 的气相色谱分析也有报道,N-一乙基羟胺的气相色谱分析未见报道. 另外,乙醇、乙醛、乙酸与硝基乙烷或 DEHA 共存时的分析也未见报道. 由于乙醇、乙醛、乙酸、硝基乙烷、N-一乙基羟胺和 DEHA 都是极性分子,理论上可以用极性色谱柱进行分析. FFAP、PEG20M 是典型的极性较强的色谱柱,由于研究体系中有乙酸和大量水存在,FFAP 比 PEG20M 好. 检测器则选择对有机物灵敏度非常高的 FID.

2.5.2 实验部分

2.5.2.1 仪器及附件

^{60}Co 源装置、气相色谱仪:同前;FFAP 石英玻璃毛细柱(ϕ 0.25 mm×25 m),中科院兰州化学物理研究所.

2.5.2.2 主要试剂

DEHA:同前. 无水乙醇:分析纯,上海振兴化工一厂;乙醛、乙酸:分析纯,上海化学试剂公司;硝基乙烷:化学纯(≥98%),瑞士 FLUKA 公司.

2.5.2.3 样品的准备及辐照

0.2 M 的 DEHA 水溶液的配制、辐照同前.

2.5.3 结果和讨论

2.5.3.1 DEHA 水溶液辐解产生的液相有机物的定性分析

为了使各组分尽可能分开,同时减少分析时间,柱温采用程序升温. 表 2.5 为 DEHA 辐解可能产生的各类液相有机物的沸点.

表 2.5 液相有机物的沸点

分子式	CH_3CH_2OH	CH_3CHO	CH_3COOH	$CH_3CH_2NO_2$	$(CH_3CH_2)_2NOH$
沸点/℃	78	21	118	114	125~130

根据各类有机物的沸点及毛细柱的特点,就可确定色谱柱程序升温的具体条件. 另外,根据色谱柱的基本原理,可以确定气化室、检测器的温度,氢气、氮气和空气的最佳流速等. 通过摸索,得到的最佳分析条件如图 2.26 所示. 图 2.26~图 2.30 分别为在同一条件下,DEHA、乙醛、乙醇、硝基乙烷和乙酸水溶液的气相色谱图. 图 2.31为 DEHA 水溶液辐照后,液相样品典型的色谱图.

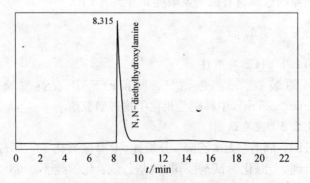

图 2.26 DEHA 水溶液的气相色谱图

柱温:初温:60℃,初温保留时间:5 min,升温速率:6℃/min,
终温:100℃,终温保留时间:5 min,FID 温度:150℃

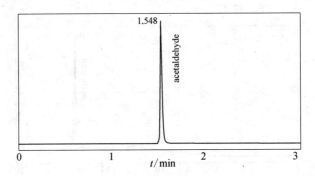

图 2.27　乙醛水溶液的色谱图

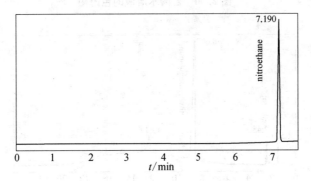

图 2.28　乙醇水溶液的色谱图

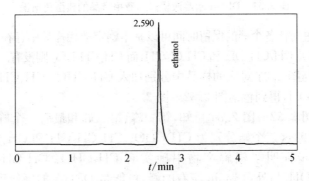

图 2.29　形卡　硝基乙烷水溶液的色谱图

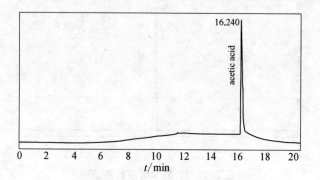

图 2.30　乙酸水溶液的色谱图

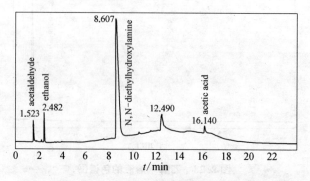

图 2.31　DEHA 水溶液辐解后液相样品的典型色谱图

通过对比各个峰的保留时间可以基本确定液相样品中存在 DEHA、CH_3CHO、CH_3CH_2OH 和 CH_3COOH,而 $CH_3CH_2NO_2$ 则没有.

在与图 2.31 对应的样品中分别加入 CH_3CHO、CH_3CH_2OH 和 CH_3COOH,得到色谱图 2.32～图 2.34.

由图 2.32～图 2.34 可知,第一峰、第二峰和最后一个峰明显增大,这说明这三个峰分别为 CH_3CHO、CH_3CH_2OH 和 CH_3COOH,这进一步证明了辐解产物中确实有 CH_3CHO、CH_3CH_2OH 和 CH_3COOH. 另外,13 min 左右的峰,可能是 DEHA 的降解产物 N——乙基羟胺,由于买不到 N——乙基羟胺纯物质,无法证明这一点.

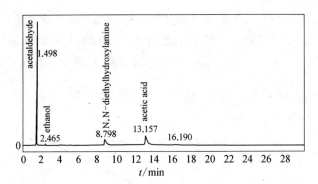

图 2.32　图 2.31 样品＋乙醛的气相色谱图

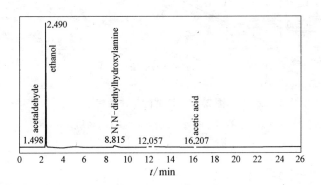

图 2.33　图 2.31 样品＋乙醇的气相色谱图

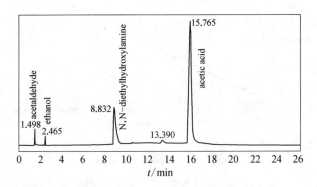

图 2.34　图 2.31 样品＋乙酸的气相色谱图

2.5.3.2　DEHA 水溶液辐解产生的液相有机物的定量分析

DEHA 水溶液辐解产生的液相有机物的定量分析采用外标法,图 2.35～图 2.38 分别为乙醛、乙醇、乙酸和 DEHA 的工作曲线.

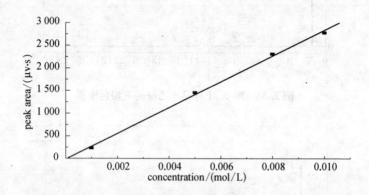

图 2.35　乙醛的工作曲线

$$y = -16.8 + 285\,528.3x \quad \rho = 0.998\,87$$

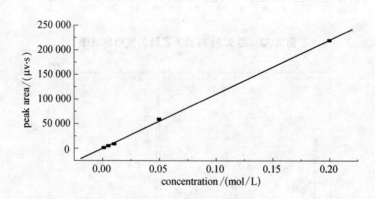

图 2.36　乙醇的工作曲线

$$y = 135.9 + 1\,099\,370x \quad \rho = 0.999\,71$$

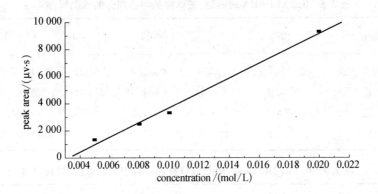

图 2.37　乙酸的工作曲线

$$y = -1\,755.3 + 545\,544.8x \quad \rho = 0.995\,7$$

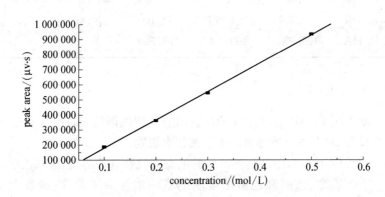

图 2.38　DEHA 的工作曲线

$$y = -8\,082.9 + 1\,874\,760x \quad \rho = 0.999\,69$$

表 2.6 为 0.2 M DEHA 吸收不同剂量后,液体样品中各组分的峰面积.

根据各组分工作曲线,可计算出液体样品中各组分的浓度,如表 2.7 所示.

表 2.6　0.2 M DEHA 辐照后,液体样品中各组分的峰面积/μv · s

剂量/kGy	10	50	100	500	1 000
乙　醛	2 759.7	3 352.0	3 554.4	5 330.7	4 347.0
乙　醇	554.9	2 809.1	4 134.4	25 861.8	25 760.9
乙　酸	1 767.2	2 751.4	5 395.0	4 624.5	4 594.4
DEHA	304 725.1	291 952.1	285 385.8	175 796.9	74 871.4

表 2.7　0.2 M DEHA 辐照后,液体样品中各组分的浓度/×10⁻³M

剂量/kGy	10	50	100	500	1 000
乙　醛	9.724	11.800	12.500	18.73	15.28
乙　醇	0.380 9	2.430	3.635	23.39	23.30
乙　酸	6.457	8.261	13.100	11.69	11.63
DEHA	166.900	160.000	156.500	98.08	44.25

2.5.4　结论

（1）用 FFAP 毛细柱与 FID 联用的气相色谱法定性定量分析了 0.2 M DEHA 水溶液辐解产生的液相有机物.

（2）DEHA 水溶液辐解产生的液态有机物有乙醇、乙醛和乙酸.

（3）乙醇、乙醛和乙酸浓度随剂量的增加而增大,当剂量大于 500 kGy时,乙醇、乙醛和乙酸浓度随剂量的变化不明显.

2.6　DEHA 辐解产生的铵离子的定性定量分析

2.6.1　引言

DEHA 受到 γ 射线作用可能产生的无机盐主要是铵盐. 本文用化学法和纳氏试剂分光光度法定性定量研究 DEHA 辐解产生的铵

离子.

2.6.2 实验部分

2.6.2.1 仪器

^{60}Co 源装置:同前;722 型光栅分光光度计:上海精密科学仪器有限公司.

2.6.2.2 样品及试剂

DEHA:同前. 碘化汞:分析纯,泰兴市化学试剂厂;碘化钾、氯化铵、酒石酸钾钠:分析纯,上海化学试剂公司.

2.6.2.3 样品的准备及辐照同 2.4 节

2.6.2.4 纳氏试剂等溶液的配制

纳氏试剂:称取 22.4 克氢氧化钾于 60 mL 水中,搅拌使其完全溶解;称取 7 克碘化钾,溶于 30 mL 去离子水中. 再称取 10.0 g 碘化汞,将其分数次缓慢地加到碘化钾溶液中,不断搅拌,使其完全溶解. 然后将该溶液缓慢地加到氢氧化钾溶液,充分冷却后,加水稀释至 100 mL,静置一天. 贮于棕色细口瓶中备用. 使用时勿摇动溶液,取上清液为显色剂. pH≈10.

酒石酸钾钠溶液:称取 50 g 酒石酸钾钠,溶解于水中,加热煮沸以驱除铵,待冷却后稀释至 100 mL.

氯化铵标准储备液:称取 0.743 1 g 氯化铵(105℃烘 2 小时)溶于水,然后移入 250 mL 容量瓶中,用水稀释至标线. 此溶液每毫升含 1.000 mg 铵离子.

氯化铵标准使用液:吸取氯化铵标准储备液 5.00 mL 于 500 mL 容量瓶中,用水稀释至标线,摇匀. 此溶液每毫升含 10.0 μg 铵离子.

2.6.3 结果与讨论

2.6.3.1 DEHA 水溶液辐解产生的铵离子的定性分析

DEHA 水溶液辐解产生的铵离子的定性分析采用化学法[49, 50]. NH_4^+ 存在时,加入 NaOH 溶液,加热便有 NH_3 逸出,NH_3 遇水显碱

性. 以湿润的石蕊或酚酞试纸盖着管口,如石蕊试纸变蓝或酚酞试纸变红,证明有 NH_4^+ 存在,该反应的方程式为:

$$NH_4^+ + OH^- \Longrightarrow NH_3\uparrow + H_2O \tag{15}$$

取 1 mL 辐照过的 DEHA 液体样品于干燥的试管中,加入几滴 1.0 M NaOH 溶液,再用湿润的酚酞试纸盖在管口,小火加热,则酚酞试纸变红,说明样品中存在铵离子.

2.6.3.2 DEHA 水溶液辐解产生的铵离子的定量分析

采用纳氏试剂分光光度法[51]定量分析不同浓度 DEHA 吸收不同剂量后产生的铵离子. 纳氏试剂为 K_2HgI_4 的 KOH 溶液. 纳氏试剂一般用氯化汞与碘化钾反应,然后再加入氢氧化物制得. 考虑到氯化汞有挥发性,且其毒性也较大,因此,本人选用无挥发性、毒性较小的碘化汞代替氯化汞制备纳氏试剂. 纳氏试剂与 NH_3 反应,生成红棕色沉淀,反应可能为[52-53]:

$$NH_3 + 2HgI_4^{2-} + OH^- = \begin{bmatrix} I-Hg \\ \diagdown \\ NH_2 \\ \diagup \\ I-Hg \end{bmatrix} I\downarrow (红棕色) + 5I^- + H_2O \tag{16}$$

NH_3 浓度较低时,没有沉淀产生,但溶液呈黄色或棕色,根据颜色深浅,用分光光度法测定. 在碱性介质中 Ca^{2+}、Mg^{2+} 等离子会析出氢氧化物沉淀,干扰测定,用酒石酸钾钠掩蔽,反应方程式可能为:

$$
\begin{array}{l}
COOK \\
| \\
COOH \\
| \\
COOH \\
| \\
COONa
\end{array}
+ Ca^{2+}(Mg^{2+}) \longrightarrow
\begin{array}{l}
COOK \\
| \\
COO \\
| \quad\diagdown Ca(Mg) + 2H^+ \\
COO \\
| \quad\diagup \\
COONa
\end{array}
\tag{17}
$$

2.6.3.3 铵离子标准曲线的绘制

取 6 支 25 mL 比色管,按表 2.8 配制标准系列.

表 2.8 氯化铵标准系列

管 号	0	1	2	3	4	5
氯化铵标准使用溶液/mL	0	1.600	2.40	4.800	9.60	19.200
铵离子的含量/mM	0	0.036	0.053	0.107	0.213	0.427
吸光度/A	0	0.092	0.139	0.266	0.506	0.954

向各管中加入 1~2 滴酒石酸钾钠溶液,用水稀释至标线,摇匀. 再加入 0.5 mL 纳氏试剂,盖塞摇匀. 放置 20 min 后,用 1 cm 比色皿 在波长 420 nm 处,以水为参比,测定吸光度. 以吸光度(A—A_0)对铵 离子浓度(mm),绘制标准曲线,如图 2.39 所示.

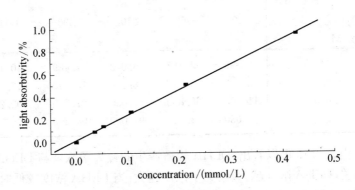

图 2.39 铵离子的标准曲线

$$y = 0.016\,7 + 2.22x \quad \rho = 0.999\,3$$

2.6.3.4 DEHA 辐照后,液体样品中铵离子的定量分析

吸取液体样品 1 mL 于 100 mL 容量瓶中,用去离子水稀释至 100 mL. 以下步骤同标准曲线的绘制. 不同剂量、不同浓度 DEHA 样品中铵离子的吸光度如表 2.9 所示.

表 2.9　DEHA 辐照后, 液体样品中铵离子的吸光度/A

DMHA 浓度/M \ 剂量/kGy	10	50	100	500	1 000
0.1	0.081	0.123	0.151	0.183	0.242
0.2	0.140	0.131	0.213	0.259	0.301
0.3	0.270	0.163*	0.210*	0.214#	0.223#
0.5	0.130*	0.180*	0.221*	0.227#	0.332#

* 表示样品溶液稀释了 1 000 倍. # 表示样品溶液稀释了 1 100 倍.

通过计算得到不同浓度 DEHA 吸收不同剂量后, 辐解产生的铵离子浓度, 如表 2.10 所示.

表 2.10　DEHA 辐照后, 液体样品中铵离子的浓度/$\times 10^{-3}$ M

DMHA 浓度/M \ 剂量/kGy	10	50	100	500	1 000
0.1	2.896	4.787	6.048	7.489	10.15
0.2	5.553	5.148	8.840	10.910	12.80
0.3	11.400	65.880	87.050	97.730	102.20
0.5	51.030	73.540	92.000	104.200	156.20

由表 2.10 可以看出, DEHA 辐解产生的铵离子浓度与 DEHA 浓度有关, DEHA 浓度越大, 铵离子浓度越大; 当 DEHA 浓度较低时, 铵离子浓度随剂量的变化不大, 其值也小; 而当 DEHA 浓度较高时, 铵离子浓度随剂量的增大而增大, 但当剂量大于 100 kGy 时, 铵离子浓度随剂量变化不明显, 当剂量大于 500 kGy 时, 0.5 M DEHA 辐解产生的铵离子浓度又随剂量的增大而增大, 最大约为 0.16 M, 也即 2.9 g/L.

2.6.4　结论

(1) 用化学法和纳氏试剂分光光度法定性定量研究了 DEHA 水

溶液辐解产生的铵离子.

（2）DEHA 辐解产生的铵离子浓度与 DEHA 浓度有关，DEHA 浓度越大，铵离子浓度越大；当 DEHA 浓度较低时，铵离子浓度随剂量的变化不大，其值也小；而当 DEHA 浓度较高时，铵离子浓度与剂量有关，其值也较大.

（3）当剂量为 10～1 000 kGy，DEHA 浓度为 0.1～0.2 M 时，铵离子的最大浓度为 0.01 M. 而当 DEHA 浓度为 0.3～0.5 M 时，铵离子的最大浓度为 0.16 M，即 2.9 g/L.

2.7 DEHA 辐解产生的液态产物的研究及其机理探索

2.7.1 引言

前两节分别讨论了 DEHA 水溶液辐解产生的液相有机物和铵离子的定性定量分析，本节主要探索 DEHA 水溶液辐解产生各类液相产物的机理，并用该机理解释 DEHA 辐解产生的各类液相产物与 DEHA 浓度及剂量的关系.

2.7.2 实验部分

^{60}Co 源装置、气相色谱仪、722 型光栅分光光度计、FFAP 石英玻璃毛细柱：同前；样品准备及辐照：同 2.4 节.

2.7.3 结果与讨论

2.7.3.1 DEHA 辐解的机理

有机物稀水溶液的辐射化学效应主要是溶剂辐解产生的活性粒子与溶质间的反应所引起[40]. 在 DEHA 水溶液中，溶剂水受到 γ 辐射时，发生反应产生 H·、·OH，e_{aq}^-，H_2，H_2O_2 和 H^+ 等粒子：

$$H_2O \longrightarrow ·H, ·OH, e_{aq}^{-1}, H_2, H_2O_2, H^+ \qquad (18)$$

其中，e_{aq}^-、H· 和 ·OH 的活性大，容易与溶质分子反应. 由于辐照体

系中含有空气,空气中的氧气易与 e_{aq}^- 和 H· 发生反应生成 HO_2· :

$$- e_{aq}^- + O_2 \longrightarrow O_2^- \tag{19}$$

$$O_2^- + H^+ \longrightarrow HO_2· \tag{20}$$

$$H· + O_2 \longrightarrow HO_2· \tag{21}$$

HO_2· 与溶质 DEHA 反应[54]:

$$\begin{array}{c} CH_3CH_2 \\ \diagdown \\ N-O-H + HOO· \longrightarrow \\ \diagup \\ CH_3CH_2 \end{array} \quad \begin{array}{c} CH_3CH_2 \\ \diagdown \\ N-O· + HOOH \\ \diagup \\ CH_3CH_2 \end{array} \tag{22}$$

据估算[55],自由电子在 N—O 键中 N 上的几率是 60%,在 N—O 键中 O 上的几率是 40%,也就是说,方程式(22)生成的二甲基氮氧自由基可以用下式表示:

$$\begin{array}{c} CH_3CH_2 \\ \diagdown \\ N-O· \\ \diagup \\ CH_3CH_2 \end{array} \rightleftharpoons \begin{array}{c} CH_3CH_2 \\ \diagdown \\ \overset{·}{N}-O \\ \diagup \\ CH_3CH_2 \end{array} \tag{23}$$

$$\begin{array}{c} H \\ | \\ CH_3CH \\ \diagdown \\ \overset{·}{N}\!\longrightarrow\! O + \\ \diagup \\ CH_3CH_2 \end{array} \quad \begin{array}{c} CH_3CH_2 \\ \diagdown \\ N-O· \longrightarrow \\ \diagup \\ CH_3CH_2 \end{array}$$

$$CH_3CH = \underset{\downarrow}{N}CH_2CH_3 \; + \; \begin{array}{c} CH_3CH_2 \\ \diagdown \\ N-O-H \\ \diagup \\ CH_3CH_2 \end{array} \quad (24)$$
$${O}$$

$$CH_3CH = \underset{\downarrow}{N}CH_2CH_3 \xrightarrow{H_2O} CH_3CHO + C_2H_5NHOH$$
$${O}$$

$$\tag{25}$$

另外,H· 和 ·OH 也能与 DEHA 反应,它们容易夺取 DEHA α 碳上的氢:

$$CH_3CH_2 \underset{CH_3CH_2}{\overset{}{>}} N-O-H \quad H\cdot + \longrightarrow H_2 + \quad CH_3\overset{\cdot}{C}H \underset{CH_3CH_2}{\overset{}{>}} N-O-H \quad (26)$$

$$\cdot OH + \quad CH_3CH_2 \underset{CH_3CH_2}{\overset{}{>}} N-O-H \longrightarrow H_2O + \quad CH_3\overset{\cdot}{C}H \underset{CH_3CH_2}{\overset{}{>}} N-O-H$$

$$(27)$$

H· 和 ·OH 也有可能夺取 DEHA 氧原子上的氢:

$$\cdot H + \quad CH_3CH_2 \underset{CH_3CH_2}{\overset{}{>}} N-O-H \longrightarrow H_2 + \quad CH_3CH_2 \underset{CH_3CH_2}{\overset{}{>}} N-O\cdot \quad (28)$$

$$\cdot OH + \quad CH_3CH_2 \underset{CH_3CH_2}{\overset{}{>}} N-O-H \longrightarrow H_2O + \quad CH_3CH_2 \underset{CH_3CH_2}{\overset{}{>}} N-O\cdot$$

$$(29)$$

(28)、(29)生成的产物与反应式(22)的产物相同,经过反应 (23)、(24),最后水解为乙醛及其 DEHA 的降解产物 N—乙基羟 胺. 而(26)、(27)的产物则可能与 HO₂· 发生下列反应:

$$CH_3\overset{\cdot}{C}H \underset{CH_3CH_2}{\overset{}{>}} N-O-H + HOO\cdot \longrightarrow \quad \overset{OOH}{\underset{CH_3CH_2}{\overset{CH_3CH}{\big|}}} N-O-H$$

$$(30)$$

$$2 \quad \underset{CH_3CH_2}{\overset{\overset{OOH}{|}}{\underset{|}{CH_3CH}}} N-O-H \longrightarrow 2 \quad \underset{CH_3CH_2}{\overset{\overset{O\cdot}{|}}{\underset{|}{CH_3CH}}} N-O-H + H_2O_2$$

$$(31)$$

$$\underset{CH_3CH_2}{\overset{\overset{O\cdot}{|}}{\underset{|}{CH_3CH}}} NOH + \underset{CH_3CH_2}{\overset{CH_3CH_2}{\underset{|}{}}} NOH \longrightarrow \underset{CH_3CH_2}{\overset{\overset{OH}{|}}{\underset{|}{CH_3CH}}} NOH + \underset{CH_3CH_2}{\overset{CH_3\dot{C}H}{\underset{|}{}}} NOH$$

$$(32)$$

$$\underset{CH_3CH_2}{\overset{CH_3CH}{\underset{|}{}}} NOH \longrightarrow CH_3CHO + CH_3CH_2NHOH \quad (33)$$

由上可知,在空气存在的条件下,DEHA 与溶剂水辐解产生的 e_{aq}^-、H· 和 ·OH 反应得到的产物为乙醛及 N--乙基羟胺. 乙醛及 N--乙基羟胺会继续与体系中的 e_{aq}^-、H·、·OH 和 HO_2· 发生反应,其中,乙醛与 HO_2· 反应生成乙酸:

$$HO_2\cdot + \overset{\overset{O}{\parallel}}{CH_3CH} \longrightarrow \underset{O-OH}{\overset{\overset{O\cdot}{|}}{CH_3C-H}} \quad (34)$$

$$2\underset{O-OH}{\overset{\overset{O\cdot}{|}}{CH_3C-H}} \longrightarrow 2CH_3\overset{\overset{OH}{|}}{C}=O + H_2O_2 \quad (35)$$

乙醛与 e_{aq}^- 反应则生成部分乙醇：

$$e_{aq}^- + \underset{CH_3\overset{O}{\overset{\|}{C}}H}{} \longrightarrow CH_3\overset{O^-}{\underset{\bullet}{C}}H \xrightarrow{H_2O} CH_3\overset{OH}{\underset{\bullet}{C}}H \qquad (36)$$

$$CH_3\dot{C}HOH + (CH_3CH_2)_2NOH \longrightarrow CH_3CH_2OH + \underset{CH_3CH_2}{\overset{CH_3\dot{C}H}{}}NOH \qquad (37)$$

乙醇自由基也能与氧气反应生成乙醛：

$$CH_3\dot{C}HOH + O_2 \longrightarrow CH_3CHO + HOO\bullet \qquad (38)$$

乙醛中的醛基是一个不饱和键，氧原子上的电子密度高，碳原子上的电子密度低，H• 和 •OH 能与其发生加成反应：

$$\bullet H + CH_3\overset{O}{\overset{\|}{C}}H \longrightarrow CH_3\overset{OH}{\underset{\bullet}{C}}-H \qquad (39)$$

生成的乙醇自由基通过反应式(37)、(38)生成乙醇和乙醛. 而 •OH 与乙醛发生加成反应，则生成乙酸：

$$\bullet OH + CH_3\overset{O}{\overset{\|}{C}}H \longrightarrow CH_3\overset{O\bullet}{\underset{OH}{C}}-H \qquad (40)$$

$$CH_3\overset{\dot{O}}{\underset{O-OH}{C}}-H + R\bullet \longrightarrow CH_3\overset{OH}{C}=O + RH \qquad (41)$$

DEHA 的降解产物 N-一乙基羟胺与 $HO_2\cdot$ 反应：

$$CH_3CH_2NHOH + HOO\cdot \longrightarrow CH_3CH_2NHO\cdot + HOOH \quad (42)$$

$$\overset{\overset{\displaystyle\cdot}{O}}{CH_3CH_2NH} \rightleftharpoons \overset{\overset{\displaystyle O}{\uparrow}}{\underset{\displaystyle\cdot}{CH_3CH_2NH}} \quad (43)$$

$$\overset{\overset{\displaystyle\cdot}{O}}{CH_3CH_2NH} + \overset{\overset{\displaystyle O}{\uparrow}}{\underset{\displaystyle H}{CH_3CHNH}} \longrightarrow \overset{\overset{\displaystyle OH}{|}}{CH_3CH_2NH} + \overset{\overset{\displaystyle O}{\uparrow}}{CH_3CH=NH}$$

$$(44)$$

$$\overset{\overset{\displaystyle O}{\uparrow}}{CH_3CH=NH} + H_2O \longrightarrow CH_3CHO + NH_2OH \quad (45)$$

N-一乙基羟胺也会与 H· 和 ·OH 反应：

$$H\cdot + CH_3CH_2NHOH \longrightarrow H_2 + CH_3\overset{\displaystyle\cdot}{C}HNHOH \quad (46)$$

$$\cdot OH + CH_3CH_2NHOH \longrightarrow H_2O + CH_3\overset{\displaystyle\cdot}{C}HNHOH \quad (47)$$

N-一乙基羟胺自由基与 $HO_2\cdot$ 反应生成乙醛和羟胺.

$$CH_3\overset{\displaystyle\cdot}{C}HNHOH + HOO\cdot \longrightarrow \overset{\overset{\displaystyle OOH}{|}}{CH_3CHNHOH} \quad (48)$$

$$2\overset{\overset{\displaystyle OOH}{|}}{CH_3CHNHOH} \longrightarrow H_2O_2 + 2\overset{\overset{\displaystyle O\cdot}{|}}{CH_3CHNHOH} \quad (49)$$

$$\overset{\overset{\displaystyle O\cdot}{|}}{CH_3CHNHOH} + \overset{CH_3CH_2}{\underset{CH_3CH_2}{>}NOH} \longrightarrow \overset{\overset{\displaystyle OH}{|}}{CH_3CHNHOH} + \overset{CH_3\overset{\displaystyle\cdot}{C}H}{\underset{CH_3CH_2}{>}NOH}$$

$$(50)$$

$$\text{CH}_3\text{CH} - \text{NHOH} \longrightarrow \text{CH}_3\text{CHO} + \text{NH}_2\text{OH} \tag{51}$$

羟胺继续发生下列反应生成铵离子[56]：

$$\text{NH}_2\text{OH} + 3\text{H}^+ + 2\text{e}_{\text{aq}}^- \longrightarrow \text{NH}_4^+ + \text{H}_2\text{O} \tag{52}$$

$$\text{NH}_2\text{OH} + 2\text{H}_2\text{O} + 2\text{e}_{\text{aq}}^- \longrightarrow \text{NH}_3\text{H}_2\text{O} + 2\text{OH}^- \tag{53}$$

另外，DEHA 辐解生成的乙醇也会与 H· 和 ·OH 发生反应生成乙醛：

$$\text{CH}_3\text{CH}_2\text{OH} + \text{H}\cdot \longrightarrow \text{CH}_3\dot{\text{C}}\text{HOH} + \text{H}_2 \tag{54}$$

$$\text{CH}_3\text{CH}_2\text{OH} + \text{HO}\cdot \longrightarrow \text{CH}_3\dot{\text{C}}\text{HOH} + \text{H}_2\text{O} \tag{55}$$

乙醇自由基通过反应(38)生成部分乙醛. 当 DEHA 辐解产生的乙酸浓度较高时，γ 射线能与其直接作用，发生脱羧基反应：

$$\text{CH}_3\text{COOH} \longrightarrow \text{CH}_4 + \text{CO}_2 \tag{56}$$

当溶质 DEHA 浓度较高时，γ 射线能与其直接作用，引起分子中共价键的断裂. 表 2.11 为 DEHA 中各种共价键的键能.

表 2.11　DEHA 中各种共价键的键能

共价键种类	键能/(kcal/mol)	共价键种类	键能/(kcal/mol)
C—H	104	N—O	46
C—C	80	O—H	110
C—N	65		

由表 2.11 可看出，N—O 键能最小，C—N 其次，因此，N—O 键最容易断裂，C—N 键其次. 如果 N—O 断裂，则生成二乙胺，胺类化合物 C—N 对辐射是敏感的[5]，二乙胺水溶液受到辐射作用，可能发

生下列反应,导致 C—N 断裂,最终生成铵离子:

$$(CH_3CH_2)_2NH \xrightarrow{-2H} CH_3CH = NCH_2CH_3 \tag{57}$$

$$CH_3CH = NCH_2CH_3 + H_2O \longrightarrow CH_3CHO + CH_3CH_2NH_2 \tag{58}$$

$$CH_3CH_2NH_2 \xrightarrow{-2H} CH_3CH = NH \tag{59}$$

$$CH_3CH = NH + H_2O \longrightarrow CH_3CHO + NH_3 \tag{60}$$

$$NH_3 + H_2O \longrightarrow NH_4^+ + OH^- \tag{61}$$

如果 C—N 断裂,则生成乙基自由基,乙基自由基与 ·OH 反应生成乙醇:

$$CH_3\dot{C}H_2 + \cdot OH \longrightarrow CH_3CH_2OH \tag{62}$$

由上面的反应机理可以看出,DEHA 水溶液的辐解是非常复杂的. 在空气存在的条件下,DEHA 首先降解为乙醛和 N-一乙基羟胺,然后,它们继续发生反应生成乙醇、乙酸和铵离子;当 DEHA 浓度较高时,γ 射线能与其直接反应,再经过一系列的反应,最终生成乙醇、乙醛和铵离子. 综上所述,DEHA 水溶液辐解产生的主要产物应该是乙醛、乙醇、乙酸和铵离子,实验结果与理论推断是一致的.

2.7.3.2 DEHA 辐解产生的液相产物与剂量的关系

由图 2.40 可看出,随着 DEHA 浓度的增大,其辐解产生的乙醛浓度也是增大的,这是因为乙醛主要由以下二类反应而生成:

(1) DEHA 与 HO_2· 反应(22),生成的 N,N-二乙基氮氧自由基经过反应(23)、(25)而生成.

(2) DEHA 与 H· 和 ·OH 反应(26)、(27),生成的 DEHA 自由基经过反应(28)、(33)而生成.

DEHA 浓度越大,生成的 N,N-二乙基氮氧自由基、DEHA 自由

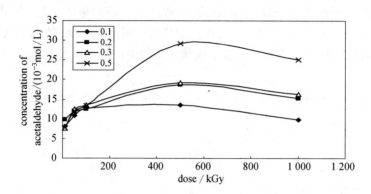

图 2.40 DEHA 辐解产生的乙醛浓度与剂量的关系

基浓度也越大,由方程式(23)、(25)及(28)、(33)可知,生成的乙醛浓度也就越大,因此,乙醛浓度随 DEHA 浓度的增大而增大.

另外,由图 2.40 还可以看出,不同浓度 DEHA 水溶液辐解产生的乙醛浓度与剂量的关系是一致的. 当剂量低于 500 kGy 时,乙醛浓度随剂量的增大而增大,而当剂量大于 500 kGy 时,乙醛浓度随剂量的增大缓慢降低. 这是因为乙醛主要由以上提到的二类反应生成,当剂量较低时,随着剂量的增大,反应体系中 $HO_2 \cdot$、$H \cdot$ 和 $\cdot OH$ 浓度随着剂量的增大而增大的,由反应式(22)、(33)可知,反应生成的乙醛浓度也越大,因此,乙醛浓度随剂量的增大而增大;而当剂量达到一定值时,生成的乙醛会与体系中的 $HO_2 \cdot$ 反应(34)、(35)或与 $\cdot OH$ 反应(40)、(41)生成乙酸,同时,乙醛也可能与体系中的 e_{aq}^- 反应(36)、(37)或与 $H \cdot$ 反应(39)生成乙醇,因此,当剂量大于一定值时,乙醛浓度反而随剂量的增大而逐渐降低.

图 2.41 为不同浓度 DEHA 辐解产生的乙醇浓度与剂量的关系. 乙醇浓度与 DEHA 浓度和剂量的关系比较复杂:当浓度从 0.1 M 上升到 0.2 M 时,乙醇浓度是随 DEHA 浓度的增大而增大的,而当 DEHA 浓度从 0.2 M 上升到 0.5 M 时,乙醇浓度几乎是随 DEHA 浓度的增大而减少的;乙醇浓度与剂量的关系与 DEHA 浓度有关:当

DEHA 浓度为 0.1 M、0.2 M 时,乙醇浓度先随剂量的增加,当剂量大于 500 kGy 时,乙醇浓度反而随剂量增加而逐渐减少;当 DEHA 浓度为 0.3 M、0.5 M 时,乙醇浓度随剂量的增加几乎直线上升.

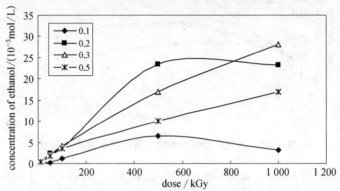

图 2.41　DEHA 辐解产生的乙醇浓度与剂量的关系

　　乙醇浓度与 DEHA 浓度及剂量的复杂关系可能与其产生的机理有关. 当 DEHA 浓度较低或剂量较低时,乙醇主要由 DEHA 辐解产生的乙醛与 e_{aq}^- 反应(36)、(37)及与 H· 反应(39)而产生,所以,乙醇浓度很低,其与剂量的关系与乙醛与剂量的关系一致,只是乙醇浓度随剂量的降低,是由于部分乙醇与 H· 和 ·OH 反应(54)、(55)、(38)生成乙醛的缘故. 随着 DEHA 浓度的增大,γ 射线与其直接作用的几率也增加,从而导致 DEHA 分子中共价键的断裂,由于 C—N 键对辐射较敏感,因此其断裂的几率也比较高,而 C—N 键断裂形成的乙基自由基能与 ·OH 反应(62)生成乙醇. 但由于自由基的浓度很低,因此,乙醇浓度也很低.

　　图 2.42 是不同浓度 DEHA 辐解产生的乙酸浓度与剂量的关系,由上图可以看出:DEHA 水溶液辐解产生的乙酸浓度比较低,其随 DEHA 浓度变化及剂量变化都不明显. 乙酸的产生主要是由于 DEHA 辐解产生乙醛与 HO_2· 反应(34)、(35)或与 ·OH 反应(40)、(41),因此,它的浓度很低. 当剂量较低时,乙酸浓度与剂量的关系与乙醛的类似;而当剂量稍高,乙酸浓度则随剂量增加而减少. 这是因

为当乙酸浓度稍高或剂量较高时,γ射线能与其直接作用,发生脱羧反应(56)生成甲烷和二氧化碳.

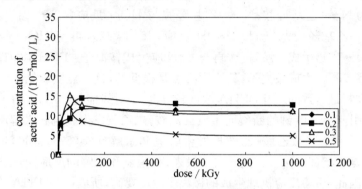

图 2.42　DEHA 辐解产生的乙酸浓度与剂量的关系

图 2.43 为不同浓度 DEHA 辐解产生的铵离子浓度与剂量的关系. 由图 2.43 可知,铵离子浓度与 DEHA 浓度有关:当 DEHA 浓度为 0.1～0.2 M 时,铵离子浓度很低,其随剂量变化也不明显;而当 DEHA 浓度为 0.3～0.5 M 时,铵离子浓度较高;当剂量较低时,铵离子浓度随剂量的增大而增大,当剂量大于 100 kGy 时,铵离子浓度随剂量变化不明显,但当剂量大于 500 kGy 时,0.5 M DEHA 辐解产生的铵离子浓度又随剂量的增大而缓慢增大.

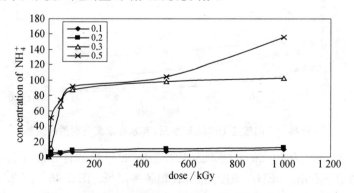

图 2.43　DEHA 辐解产生的铵离子浓度与剂量的关系

由反应机理可知：当 DEHA 浓度较低时,铵离子的产生是经过：DEHA 与 HO₂· 反应(22)、(25)或与 H· 和 ·OH 反应(26)、(33)降解为 N—乙基羟胺;N—乙基羟胺与 HO₂· 反应(42)~(45),或 N—乙基羟胺先与 H·、·OH 反应(46)、(47),再与 HO₂· 反应(48)~(51)生成羟胺,羟胺再与 e_{aq}^- 反应生成铵离子. DEHA 经过这么多步骤才生成铵离子,其浓度必然是很低的,这一点实验结果与理论推断是一致的. 当 DEHA 浓度较高时,γ 射线能与 DEHA 直接作用,引起 N—O 键的断裂而生成二乙胺,二乙胺发生脱氢和水解反应(57)、(58)生成乙胺;乙胺再发生脱氢和水解反应(59)、(60)生成氨,氨水解(61)生成铵离子. 一般来说,脱氢和水解的反应速度比较快,因此,后一反应机理生成的铵离子浓度要高,所以,当 DEHA 浓度较高时,铵离子浓度比较高.

由图 2.44 可以看出,不同浓度 DEHA 辐照后,其浓度与剂量的关系是一致的,即随着剂量的增加,DEHA 浓度逐渐降低,也即随着剂量的增加,DEHA 辐解是增加的;但从图 2.44 中还可以看出,随着 DEHA 浓度的增大,曲线变得越来越平坦,也即 DEHA 的辐解率降低.

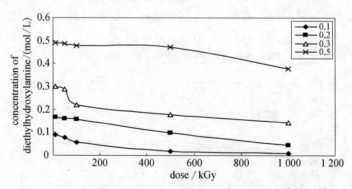

图 2.44　不同浓度 DEHA 辐解后,其本身浓度与剂量的关系

表 2.12 为不同浓度 DEHA 吸收 1 000 kGy 后的百分辐解率,由表可清楚地看出：DEHA 浓度提高,其辐解率降低. 图 2.45~图 2.48 为不同浓度 DEHA 吸收不同剂量后,液相中各组分浓度与剂量的关系.

表 2.12   DEHA 吸收 1 000 kGy 后的百分辐解率/%

DEHA 浓度 /M	辐照 1 000 kGy 后，辐解掉的 DEHA 浓度/M	辐照 1 000 kGy 后，DEHA 的百分辐解率/%
0.1	0.092	92
0.2	0.156	78
0.3	0.16	53
0.5	0.123	25

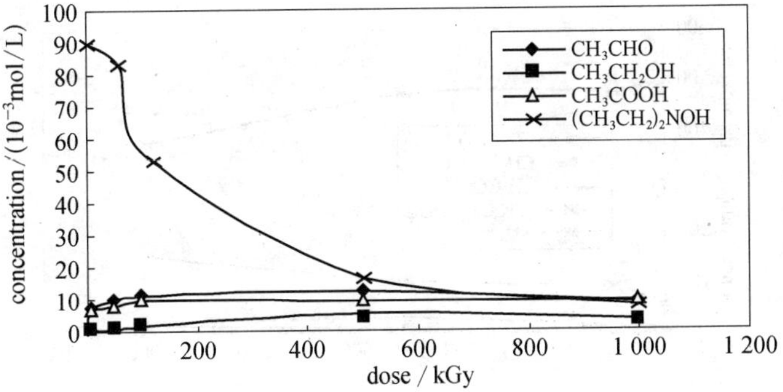

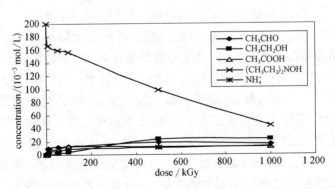

图 2.45   0.1 M DEHA 辐照不同剂量后，液相中各组分的浓度与剂量的关系

图 2.46   0.2 M DEHA 辐照不同剂量后，液相中各组分的浓度与剂量的关系

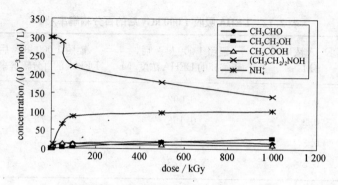

图 2.47 0.3 M DEHA 辐照不同剂量后,液相中各组分的浓度与剂量的关系

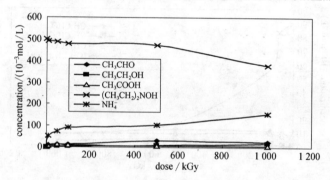

图 2.48 0.5 M DEHA 辐照不同剂量后, 液相中各组分的浓度与剂量的关系

从图 2.45 和图 2.46 可以地看出:当 DEHA 浓度为 0.1~0.2 M 时,乙醛、乙醇、乙酸和铵离子浓度较低,乙醛浓度最高达 0.018 M,乙醇浓度最高达 0.023 M,乙酸浓度最高达 0.013 M,铵离子浓度最高达 0.012 M. 从图 2.47 和图 2.48 可以看出:当 DEHA 浓度为 0.3~0.5 M 时,乙醇、乙醛和乙酸浓度变化不大,乙醛浓度最高达 0.029 M,乙醇浓度最高达 0.028 M,乙酸浓度最高达 0.014 M,但铵离子浓度增加很快,最高到 0.156 M. 另外,从图 2.45~图 2.48 也可以看出:随着 DEHA 浓度增加,其随剂量变化曲线与其辐解产物随剂量变化曲线之间的距离也越来越大,这也说明其辐解率是随着其浓度的增加而减少的.

2.7.4 结论

(1) 研究了 DEHA 水溶液辐解产生乙醛、乙醇、乙酸和铵离子的机理,该机理较好地解释了实验结果.

(2) 研究了 DEHA 水溶液辐解产生乙醛、乙醇、乙酸和铵离子浓度与 DEHA 浓度及剂量的关系. 当 DEHA 的浓度为 0.1~0.2 M时,乙醛、乙醇、乙酸和铵离子浓度都很低,低于 0.03 M;而当 DEHA 浓度为 0.3~0.5 M 时,乙醛、乙醇和乙酸浓度变化不大,但铵离子浓度增加较快,最高达 0.16 M. 当剂量低于 500 kGy 时,乙醛浓度随剂量的增大而增大,而当剂量大于 500 kGy 时,乙醛浓度随剂量的增大缓慢降低. 当 DEHA 浓度为 0.1~0.2 M 时,乙醇浓度先随剂量的增加,当剂量大于 500 kGy 时,乙醇浓度反而随剂量的增加而逐渐减少;当 DEHA 浓度大于 0.3 M 时,乙醇浓度随剂量的增加几乎直线上升.

(3) DEHA 浓度增加,其辐解的百分率降低,因此,当 DEHA 用于 PUREX 流程时,增加其浓度的有益的.

2.8 小结

1. 本章主要研究了 DEHA 水溶液辐解产生的气态和液态产物.

2. 用 5Å 分子筛填充柱与 TCD 联用的气相色谱法,定性定量研究了 DEHA 水溶液辐解产生的氢气和一氧化碳;用三氧化二铝毛细柱与 FID 联用的气相色谱法,定性定量研究了 DEHA 水溶液辐解产生的气态烃;用 FFAP 毛细柱与 FID 联用的气相色谱法定性定量研究了 DEHA 水溶液辐解产生的液相有机物;用化学法和纳氏试剂分光光度法定性定量研究了 DEHA 水溶液辐解产生的铵离子.

3. DEHA 水溶液辐解产生的气态产物有氢气、一氧化碳、甲烷、乙烷、乙烯、丙烷、丙烯、正丁烷、反-2-丁烯、1-丁烯和顺-2-丁烯、液态产物有乙醛、乙醇、乙酸和铵离子.

4. 当 DEHA 浓度为 0.1~0.5 M,剂量为 10~1 000 kGy 时,

DEHA 水溶液辐解产生的气态产物中,氢气的体积分数最高,最高达 0.24,其次是乙烯、甲烷和乙烷,它们的体积分数最高分别达 0.013、0.007、0.001 5.当 DEHA 浓度为 0.1~0.2 M 时,乙醛、乙醇、乙酸和铵离子浓度都很低,低于 0.03 M;而当 DEHA 浓度为 0.3~0.5 M 时,乙醛、乙醇和乙酸浓度变化不大,但铵离子浓度增加较快,最高达 0.16 M.

5. 氢气体积分数与 DEHA 浓度关系不大;甲烷、乙烷体积分数随 DEHA 浓度的增加而减少,而乙烯体积分数随 DEHA 浓度的增大而增大. 当 DEHA 浓度大于 0.3 M 时,甲烷、乙烷和乙烯的体积分数与 DEHA 浓度的关系不明显. 乙醛浓度随 DEHA 浓度的增加略有增加,乙醇和乙酸浓度与 DEHA 浓度的关系不明显;铵离子浓度随 DEHA 浓度的增大而增大.

6. 氢气、甲烷和乙烷的体积分数随着剂量的增加而增加. 乙烯体积分数与剂量的关系与 DEHA 浓度有关:当 DEHA 浓度较低时,乙烯的体积分数先是随剂量的增加而增加,但当剂量达到一定值时,反而随剂量的增加而减少. 当 DEHA 浓度大于 0.3 M 时,乙烯的体积分数先也是随剂量的增加而增加,但当剂量大于 500 kGy 时,乙烯的体积分数随剂量的变化不明显;当剂量低于 500 kGy 时,乙醛浓度随剂量的增大而增大,而当剂量大于 500 kGy 时,乙醛浓度随剂量的增大缓慢降低;当 DEHA 浓度为 0.1~0.2 M 时,乙醇浓度先随剂量的增加,当剂量大于 500 kGy 时,乙醇浓度反而随剂量的增加而逐渐减少;当 DEHA 浓度大于 0.3 M 时,乙醇浓度随剂量的增加几乎直线上升;当 DEHA 浓度较低时,其辐解产生的铵离子浓度随剂量的变化不大,其值也小;而当 DEHA 浓度较高时,铵离子浓度与剂量有关:当剂量小于 100 kGy 时,铵离子浓度随剂量的增加而迅速增加,但当剂量大于 100 kGy 时,铵离子浓度随剂量的变化不明显.

7. 提高 DEHA 浓度,其辐解的百分率降低,因此,当 DEHA 用于 PUREX 流程时,提高其浓度是有益的.

8. 提出了 DEHA 水溶液辐解产生气态和液态产物的机理,该机理能较好地解释实验结果.

第三章　DMHA 辐解及其
机理的研究

3.1　DMHA 辐解产生的氢气和一氧化碳的定性定量分析

3.1.1　引言

1955 年第一届日内瓦国际和平利用原子能大会以来，PUREX 流程得到了普遍认可和广泛使用. 但传统还原剂 $Fe(NH_2SO_3)_2$ 和 $U(IV)$-NH_2NH_2 对动力堆深燃耗乏燃料的后处理有一定的局限性. 因为动力堆乏燃料中含有一定浓度 Np，且 Np 浓度随燃耗的增加而增加. 亚铁类还原剂不能同时将 Pu、Np 从 U 中分离出来，$U(IV)$ 类还原剂不能控制 Np 的价态，从而引起 Np 走向的分散. 文献[57] 报道：DMHA 不仅能快速地将 Np(VI) 和 Pu(VI) 还原为不易被 TBP 萃取的 Np(V) 和 Pu(III)，而且还能使 Np(V) 和 Pu(III) 相对稳定地存在于酸性溶液中，从而实现 U 中去 Np、Pu，因此，DMHA 是一种很有应用前景的新型还原剂[21]. 然而，DMHA 在强辐射环境下会发生分解，这不仅影响还原剂的还原能力，而且其辐解产物可能会影响 PUREX 流程的正常运行. 2.1 节用 5 Å 分子筛色谱柱与 TCD 联用的气相色谱法，分别以氩气和氢气为载气，定性定量分析了 DEHA 水溶液辐解产生的氢气和一氧化碳. 本文采用相同的方法，定性定量分析 DMHA 水溶液辐解产生的氢气和一氧化碳.

3.1.2　实验部分

3.1.2.1　实验仪器及标准混合气体

^{60}Co 源装置、气相色谱仪、5 Å 分子筛不锈钢填充柱、标准混合气

体：同前.

3.1.2.2　样品及其纯度分析

DMHA：中国原子能研究院，气相色谱分析纯度为 99.1%. 分析条件：色谱柱为 FFAP 毛细柱（ϕ 0.25 mm×25 m），柱温：70℃，载气 N_2，流量：40 mL/min，FID 温度：120℃.

3.1.2.3　样品准备及辐照

用去离子水配制 0.1、0.2、0.3 和 0.5 M DMHA 水溶液，然后，取 4 mL 该溶液于 7 mL 的青霉素小瓶中，盖上橡胶盖及铝盖，最后，用封口机封口. 样品辐照是在 3.6×10^{15} Bq 的 ^{60}Co 源装置中进行的，剂量为 10、50、100、500、1 000 kGy. 剂量测定是用硫酸亚铁剂量计、重铬酸银剂量计和重铬酸钾（银）剂量计.

3.1.3　结果与讨论

3.1.3.1　DMHA 辐解产生的氢气和一氧化碳的定性分析

采用已知纯物质与未知样品对照法定性，即对比标准混合气体中某组分与欲测样品中组分在特定色谱柱上的保留时间来定性. 首先，以氩气为载气，在与 2.1 节相近的条件下分析标准混合气体，得到的色谱图如图 3.1 所示；其次，以氢气为载气，在与 2.1 节相近的条件下，分析标准混合气体，得到的色谱图如图 3.2 所示.

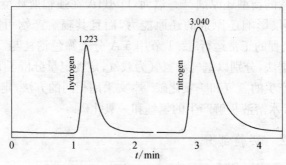

图 3.1　以氩气为载气，标准混合气体中永久性气体的色谱图

柱温：80℃　TCD 温度：110℃　载气 Ar：9.32 mL/min

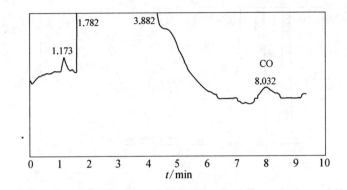

图 3.2　以氢气为载气，标准混合气体中永久性气体的气相色谱图

柱温：50℃　TCD 温度：80℃　载气流量 H_2：20 mL/min

　　在与图 3.1 同样的条件下，用气密注射器抽取辐照样品瓶中顶部的气体，注入气相色谱仪中进行分析，得到的样品色谱图如图3.3所示；在与图 3.3 同样的条件下，用气密注射器抽取辐照样品瓶中顶部的气体，注入气相色谱仪中进行分析，得到的样品色谱图如图3.4 所示.

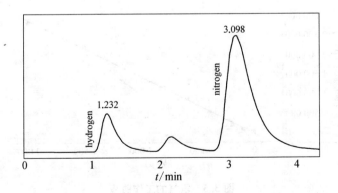

图 3.3　以氩气为载气，DMHA 辐解产生的气体样品的气相色谱图

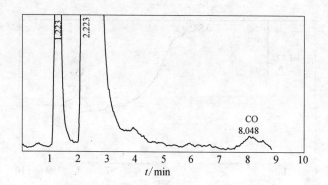

图 3.4　以氢气为载气,DMHA 辐解产生的气体样品的气相色谱图

　　比较图 3.1 和图 3.3 可知,DMHA 辐解产生的气体样品中确实存在氢气,其在给定条件下的保留时间为 1.2 min 左右. 比较图 3.2 和图 3.4 可知,DMHA 辐解产生的气体样品中也确实存在一氧化碳,其在给定的条件下的保留时间为 8.0 min 左右.

　　3.1.3.2　DMHA 辐解产生的氢气和一氧化碳的定量分析

　　DMHA 辐解产生的氢气和一氧化碳的定量分析选用外表法. 图 3.5 和图 3.6 分别为氢气和一氧化碳的工作曲线.

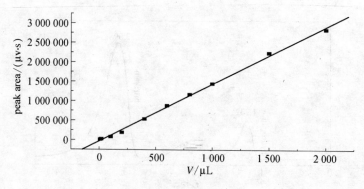

图 3.5　氢气的工作曲线

$$y=-32\ 266.1+1\ 471.5x \quad \rho=0.998\ 9$$

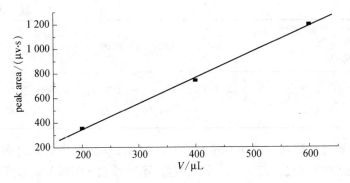

图 3.6　一氧化碳的工作曲线

$$y=-75.9+2.1x \quad \rho=0.999\,0$$

　　在与分析标准混合气体相同的条件下,注入一定量的气体样品,就可得到该气体样品中某组分的峰面积. 表 3.1 和表 3.2 分别为不同剂量,不同浓度 DMHA 辐解产生的氢气和一氧化碳的峰面积.

表 3.1　DMHA 辐解产生的氢的峰面积/$\mu v \cdot s$

DMHA 浓度/M	剂量/kGy 10	50	100	500	1 000
0.1	39 948.6	132 982.4	454 826.2	1 153 699.4	1 774 637.4
0.2	38 754.9	161 074.9	567 103.0	1 473 705.2	2 013 394.3
0.3	39 389.0	160 460.8	547 302.5	1 467 610.4	2 297 651.8
0.5	43 019.4	196 106.2	373 368.7	1 441 550.5	2 637 891.0

表 3.2　DMHA 辐解产生的一氧化碳的峰面积/$\mu v \cdot s$

DMHA 浓度/M	剂量/kGy 10	50	100	500	1 000
0.1	—	—	436.7	629.0	—
0.2	—	—	247.8	346.1	466.5

续　表

DMHA 浓度/M	剂量/kGy 10	50	100	500	1 000
0.3	148.4	172.0	272.8	1 430	574.4
0.5	—	103.1	428.5	1 832.7	661.8

通过计算就可得到不同条件下, DMHA 辐解产生的氢气和一氧化碳的体积分数. 表 3.3 为不同剂量, 不同浓度 DMHA 辐解产生的氢气的体积分数; 表 3.4 为不同剂量, 不同浓度 DMHA 辐解产生的一氧化碳的体积分数.

表 3.3　DMHA 辐解产生的氢气的体积分数/10^{-3}

DMHA 浓度/M	剂量/kGy 10	50	100	500	1 000
0.1	8.220	18.81	55.44	135.0	205.7
0.2	8.084	22.01	68.23	171.4	232.9
0.3	8.156	21.94	65.97	170.0	265.2
0.5	8.570	26.00	46.17	167.8	303.9

表 3.4　DMHA 辐解产生的一氧化碳的体积分数/10^{-3}

DMHA 浓度/M	剂量/kGy 10	50	100	500	1 000
0.1	0	0	0.473 5	0.651 2	0
0.2	0	0	0.299 0	0.389 8	0.501 1
0.3	0.207 2	0.229 0	0.322 1	1.391	0.600 8
0.5		0.165 4	0.466 0	1.763	0.681 5

从表 3.3、表 3.4 可以看出：当 DMHA 浓度为 0.1～0.5 M，剂量为 10～1 000 kGy 时,氢气的体积分数为 $(8.0～303.9) \times 10^{-3}$. 氢气体积分数与 DMHA 浓度关系不大,但随剂量的增大明显增大;一氧化碳体积分数为 $(0～1.7) \times 10^{-3}$. 一氧化碳体积分数与剂量和 DMHA 浓度的关系都不明显.

3.1.4 结论

(1) 当 DMHA 浓度为 0.1～0.5 M,剂量为 10～1 000 kGy 时,氢气体积分数为 $(8.0～303.9) \times 10^{-3}$,一氧化碳体积分数为 $(0～1.7) \times 10^{-3}$.

(2) 氢气体积分数随剂量的增加而明显增加,但与 DMHA 浓度关系不大;一氧化碳体积分数与剂量及 DMHA 浓度的关系都不明显.

3.2 DMHA 辐解产生的气态烃的定性和定量分析

3.2.1 引言

2.3 节用三氧化二铝毛细柱与 FID 联用的气相色谱法,定性定量分析了 DEHA 辐解产生的气态烃. 本文采用同样方法,定性定量分析了 0.2 M DMHA 水溶液辐解产生的气态烃.

3.2.2 实验部分

^{60}Co 源装置、气相色谱仪:同前;三氧化二铝石英玻璃毛细柱 $\phi 0.53 \, \text{mm} \times 50 \, \text{m}$:中科院兰州化学物理研究所. 样品及其纯度分析:同前. 0.2 M DMHA 配制及辐照:同前.

3.2.3 结果与讨论

3.2.3.1 DMHA 辐解产生的气态烃的定性分析

采用已知纯物质与未知样品对照法定性. 2.2 节的研究表明

DMHA、DEHA 受到 γ 射线辐照时,可能生成的气态烃主要有甲烷、
乙烷、乙烯、丙烷、丙烯、正丁烷、反-2-丁烯、1-丁烯和顺-2-丁烯;
2.3节用三氧化二铝毛细柱与 FID 联用的气相色谱法,定性定量分析
了 DEHA 辐解产生的气态烃. 首先用类似于 2.3 节的条件分析标准
混合气体,得到的色谱图如图 3.7 所示.

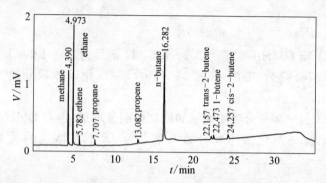

图 3.7 以三氧化二铝毛细柱为色谱柱,标准混合气体中气态烃的色谱图

柱温:二阶程序升温:第一阶:初温:40℃,初温保持时间:9 min,升温速
率:6℃/min,终温:88℃,终温保持时间:1 min. 第二阶:初温:88℃,初温保持时
间:1 min,升温速率:3℃/min,终温:130℃,终温保持时间:1 min. FID 温
度:180℃

在同样条件下,用气密注射器抽取辐照样品瓶中顶部的气体,注
入气相色谱仪中进行分析,结果如图 3.8 所示.

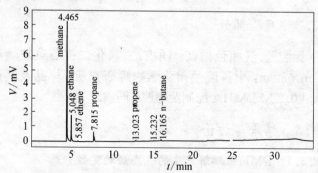

图 3.8 DMHA 辐解产生的气体样品的气相色谱图

比较图 3.7 和图 3.8 可知：DMHA 辐解产生的气态烃有甲烷、乙烷、乙烯、丙烷、丙烯和正丁烷,没有反-2-丁烯、1-丁烯和顺-2-丁烯.

3.2.3.2 DMHA 辐解产生的气态烃的定量分析

用外表法[39]定量分析 DMHA 辐解产生的气态烃. 图 3.9 和图 3.10 为各组分的工作曲线;分析不同剂量辐照得到的气体样品,得到的结果如表 3.5 所示.

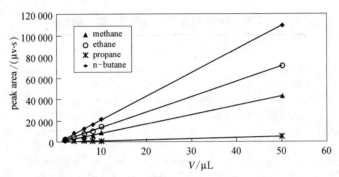

图 3.9 甲烷、乙烷、丙烷和正丁烷的工作曲线

CH_4：$y = -204.9 + 829.1x$ $\rho = 0.9996$
C_2H_5：$y = -890.3 + 1435x$ $\rho = 0.9999$
C_3H_8：$y = -116 + 98.8x$ $\rho = 0.9996$
C_3H_8：$y = -1438.8 + 2215.6x$ $\rho = 0.9997$

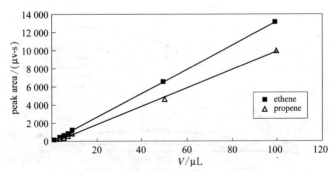

图 3.10 乙烯和丙烯的工作曲线

C_2H_4：$y = -81.4 + 132.9x$ $\rho = 0.9999$
C_3H_8：$y = -78.8 + 91.8x$ $\rho = 0.9994$

由表3.5和图3.11可知,0.2 M DMHA 水溶液辐解产生的气态烃主要有甲烷,当剂量较高时,也有乙烷、丙烷、丁烷、乙烯和丙烯,其中,前三者体积分数较高,而后二者体积分数较低. 当剂量小于500 kGy时,甲烷体积分数随剂量的增加较快,但当剂量大于500 kGy时,甲烷体积分数随剂量的增加较慢;乙烷、丙烷、丁烷、乙烯和丙烯体积分数随剂量变化不明显.

表 3.5   0.2 M DMHA 辐解产生的气态烃的体积分数/10^{-6}

剂量/kGy		10	50	100	500	1 000
各组分的浓度/10^{-6}	甲 烷	9.996	21.03	49.05	200.5	247.5
	乙 烷	0	12.99	13.48	39.91	31.84
	乙 烯	0	0	2.329	2.102	2.807
	丙 烷	0	0	2.119	14.81	10.85
	丙 烯	0	0	0	1.927	2.381
	丁 烷	0	0	0	14.20	15.50

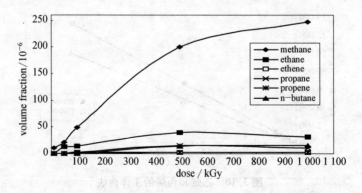

图 3.11   0.2 M DMHA 辐解产生的气态烃的体积分数与剂量的关系

3.2.4　结论

(1) 用三氧化二铝毛细柱与 FID 联用的气相色谱法,定性定量分析了 0.2 M DMHA 水溶液辐解产生的气态烃.

(2) DMHA 水溶液辐解产生的气态烃有甲烷、乙烷、乙烯、丙烷、丙烯和正丁烷;当剂量为 10～1 000 kGy,DMHA 浓度为 0.2 M 时,甲烷体积分数为 $(9.996～247.5) \times 10^{-6}$,乙烷、丙烷和正丁烷的体积分数较低,而乙烯和丙烯的体积分数则更低. 甲烷体积分数随剂量的增加而增加,而乙烷、乙烯、丙烷、丙烯和正丁烷体积分数随剂量变化不明显.

3.3　DMHA 辐解产生的气态产物研究及其机理探索

3.3.1　引言

DMHA、DEHA 都是中等强度的还原剂,它们本身被氧化后的主要产物可能为醇、醛、氮气和氮氧化物等不成盐成分. 文献[20,31,57,59]报道 DMHA、DEHA 能快速地将 Pu(Ⅳ) 和 Np(Ⅵ) 还原,并且在一定条件下,能使还原价态 Pu(Ⅲ) 和 Np(Ⅴ) 稳定共存较长时间,故它们是有应用前景的新型还原剂[16-21]. 由于 DMHA 分子量小,理论上其辐解产物也比较简单,最终容易去除,因此,人们更倾向于将这种还原剂用于 PUREX 流程. 本文主要研究 DMHA 辐解产生的气态产物及机理.

3.3.2　实验部分

^{60}Co 源装置、气相色谱仪,5 Å 分子筛不锈钢填充柱、三氧化二铝石英玻璃毛细柱、样品及其纯度分析:同前. 样品准备及辐照:同 3.1 节.

3.3.3　结果与讨论

3.3.3.1　DMHA 辐解产生的氢气的体积分数与剂量的关系

3.1 节定性定量分析了 DMHA 辐解产生的氢气和一氧化碳,结果表明：DMHA 水溶液辐解产生的氢气的体积分数很高，一氧化碳只有在很高剂量时才产生且体积分数很低. 图 3.12 为不同浓度 DMHA 水溶液辐解产生的氢气的体积分数与剂量的关系.

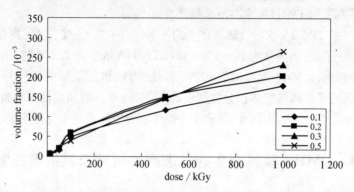

图 3.12　DMHA 辐解产生的氢气体积分数与剂量的关系

从图 3.12 可以看出，不同浓度 DMHA 辐解产生的氢气体积分数随剂量的增大而增大，最高达 0.30. 另外，当剂量小于 500 kGy 时，氢气的体积分数与 DMHA 浓度的关系不大；但当剂量大于 500 kGy 时，氢气体积分数随 DMHA 浓度的增大而增大. 这是因为：有机物稀水溶液的辐射化学效应主要是溶剂辐解产生的活性粒子与溶质间的反应所引起[40]. 在 DMHA 水溶液中，溶剂水受到 γ 辐射时，发生反应产生 H·、·OH、e_{aq}^-、H_2、H_2O_2 和 H^+ 等活性粒子：

$$H_2O \rightsquigarrow H\cdot,\ \cdot OH,\ e_{aq}^{-1},\ H_2,\ H_2O_2,\ H^+ \tag{1}$$

其中，H· 与 DMHA 发生抽氢反应生成氢气：

$$\cdot H + CH_3N(CH_3)OH \longrightarrow H_2 + \overset{\cdot}{C}H_2N(CH_3)OH \tag{2}$$

剂量越大，反应式(1)产生的 H· 浓度越大，那么，反应式(2)生成的氢气的体积分数也就越大，所以，氢气的体积分数随剂量的增大而增大. 当有机物浓度较高时，γ 射线也能直接与溶质作用生成 H·：

$$CH_3N(CH_3)OH \rightsquigarrow \cdot CH_2N(CH_3)OH + \cdot H \tag{3}$$

DMHA 浓度越高,反应(3)生成的 H· 浓度也就高;另一方面,DMHA 浓度越高,溶剂水浓度也就越低,反应(1)生成的 H· 浓度也就越低. 如果反应(3)增加的 H· 浓度大于反应(1)减少的 H· 浓度,则 DMHA 浓度的增加将引起总的 H· 浓度的增加,氢气的体积分数也将增加;反之,氢气体积分数则减少. 实验表明:当剂量小于 500 kGy 时,氢气的体积分数随 DMHA 浓度的变化不大,说明反应(3)增加的 H· 浓度与反应(1)减少的 H· 浓度相当;而当剂量大于 500 kGy 时,氢气体积分数随着 DMHA 浓度的增大而增大,说明此时反应(3)增加的 H· 浓度大于反应(1)减少的 H· 浓度.

3.3.3.2　DMHA 辐解产生的气态烃的体积分数与剂量的关系

3.2 节介绍了 0.2 M DMHA 辐解产生的气态烃的定性定量分析,用同样方法和条件分析了不同浓度 DMHA 辐解产生的气态烃. 结果表明,当 DMHA 浓度为 0.1~0.5 M,剂量为 10~1 000 kGy 时,DMHA 辐解产生的气态烃有甲烷、乙烷、丙烷、丁烷、乙烯和丙烯,其中,甲烷的体积分数最高,最高达 3.4×10^{-4},其次为乙烷,最高达 5.1×10^{-5};乙烯和丙烷只有当剂量高于 100 kGy 时才产生,而丙烯和丁烷只有当剂量高于 500 kGy 时才产生;丙烷和丁烷的体积分数都很低, 低于 2×10^{-5};而乙烯和丙烯的体积分数更低, 低于 3×10^{-6}. 图 3.13 和图 3.14 为不同浓度 DMHA 辐解产生的甲烷和乙烷的体积分数与剂量的关系.

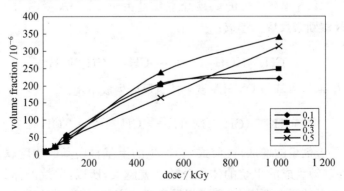

图 3.13　DMHA 辐解产生的甲烷体积分数与剂量的关系

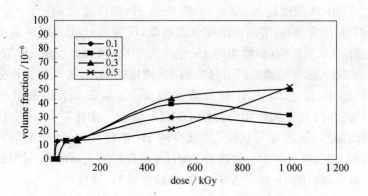

图 3.14   DMHA 辐解产生的乙烷体积分数与剂量的关系

由图 3.13 和图 3.14 可看出：当 DMHA 浓度为 0.1～0.3 M 时，剂量小于 500 kGy，甲烷和乙烷的体积分数随剂量的增加而增大，但当剂量大于 500 kGy 时，甲烷和乙烷的体积分数随剂量的变化不明显；剂量小于 500 kGy 时，甲烷和乙烷的体积分数与 DMHA 浓度的关系不大，但当剂量大于 500 kGy 时，甲烷和乙烷的体积分数随 DMHA 浓度的增大而增大. 当 DMHA 浓度为 0.5 M 时，甲烷体积分数随剂量的增加直线上升，乙烷体积分数随剂量的增加缓慢增大. 甲烷体积分数远远高于乙烷.

DMHA 辐解产生的低碳烃主要是由于 DMHA 受激分子发生 C—N 键断裂反应而形成：

$$(CH_3)_2NOH \longrightarrow\!\!\!\!\sim\!\!\!\!\sim \cdot CH_3 + CH_3\dot{N}OH \qquad (4)$$

甲基自由基与 DMHA 发生抽氢反应生成甲烷：

$$\cdot CH_3 + (CH_3)_2NOH \longrightarrow CH_4 + CH_3\dot{N}OH \qquad (5)$$

随着剂量的增加，反应式(4)产生的甲基自由基的浓度越大，由方程式(5)生成的甲烷的体积分数也就越大，所以，甲烷的体积分数随着剂量的增大而增大；而当剂量大于一定值时，生成的甲烷会发生分解：

$$CH_4 \longrightarrow \cdot CH_3 + H\cdot \tag{6}$$

因此，甲烷的体积分数随剂量的变化不大. 另外，甲基自由基也能相互作用生成乙烷：

$$\cdot CH_3 + \cdot CH_3 \longrightarrow CH_3CH_3 \tag{7}$$

所以，当剂量不太高时，DMHA 辐解产生的气态烃主要有甲烷和乙烷. 另一方面，反应式(5)是自由基与溶质反应，反应式 (7) 是自由基与自由基反应，由于溶质的浓度远远高于自由基的浓度，因此，甲烷的体积分数远高于乙烷的体积分数.

当剂量非常高时，生成的乙烷受到 γ 射线的作用也会发生分解：

$$CH_3CH_3 \longrightarrow \cdot CH_3 + \cdot CH_3 \tag{8}$$

$$CH_3CH_3 \longrightarrow CH_3\dot{C}H_2 + H\cdot \tag{9}$$

甲基自由基和乙基自由基之间发生反应生成丙烷、丁烷：

$$\cdot CH_3 + \cdot CH_2CH_3 \longrightarrow CH_3CH_2CH_3 \tag{10}$$

$$\cdot CH_2CH_3 + \cdot CH_2CH_3 \longrightarrow CH_3CH_2CH_2CH_3 \tag{11}$$

剂量很高时，丙烷也会发生分解：

$$CH_3CH_2CH_3 \longrightarrow CH_3\dot{C}HCH_3 \tag{12}$$

乙基和丙基自由基通过下列反应生成乙烯和丙烯：

$$\cdot CH_2CH_3 + \cdot CH_2N(CH_3)OH \longrightarrow CH_2=CH_2 + (CH_3)_2NOH \tag{13}$$

$$CH_3\dot{C}HCH_3 + \cdot CH_2N(CH_3)OH \longrightarrow CH_3CH=CH_2 + (CH_3)_2NOH \tag{14}$$

由于反应生成的乙烷体积分数很低，其在高剂量时辐解产生的乙基自由基浓度也很低,因此丙烷、丁烷、乙烯和丙烯的体积分数都非常低.

3.3.4　结论

(1) DMHA 水溶液辐解产生的气态产物有氢气、甲烷、乙烷、丙烷、丁烷、乙烯和丙烯. 氢气体积分数最高,其次分别为甲烷和乙烷. 氢气体积分数远远高于甲烷和乙烷,最高达 0.30,甲烷和乙烷的体积分数最高分别达 3.4×10^{-4} 和 5.1×10^{-5}.

(2) 氢气体积分数随剂量的增大而增大;当剂量小于 500 kGy 时,氢气体积分数与 DMHA 浓度关系不大;但当剂量大于 500 kGy 时,氢气体积分数随着 DMHA 浓度的增大而增大.

(3) 当 DMHA 浓度为 0.1~0.3 M,剂量小于 500 kGy,甲烷和乙烷的体积分数随剂量的增加而增大,但与 DMHA 浓度的关系不大. 当剂量大于 500 kGy 时,甲烷和乙烷的体积分数随剂量的变化不明显,但随 DMHA 浓度的增大而增大. 当 DMHA 浓度为 0.5 M 时,甲烷体积分数随剂量的增加直线上升,乙烷体积分数随剂量缓慢增大.

3.4　DMHA 辐解产生的液态有机物的定性定量分析

3.4.1　引言

DMHA 辐解产生的液态有机物可能有甲醛、甲醇、硝基甲烷和甲酸. 甲醇、甲醛的气相色谱分析报道得较多[60-66],文献[61,62]报道的都是用 GDX-401 填充柱;文献[65]报道的是用 GDX-102 填充柱;文献[66]报道的是用 CP-CARBOWAX 56 毛细柱;文献[67]报道了甲酸的分析,采用先酯化,再用气相色谱分析;文献[68]报道了甲醇和甲酸的气相色谱分析;文献[69]报道了甲醛和甲酸的气相色谱分析;文献[70,71]报道了甲醇、甲醛和甲酸共存时的气相色谱分析,文献[70]采用的色谱柱是用固定液蔗糖八乙酸酯载于 CHROMOSORB 101 固定相上,以 1% 间苯二甲酸作减尾剂,甲醇、甲醛和甲酸分离得较好,峰形也不错,但目前无法买到色谱纯的蔗糖八乙酸酯;文献[72]报道了硝基甲烷的气相色谱分析;文献[73]报道了甲醛、甲醇和硝基甲烷共存时的气相色谱分析,它是将两根色谱串联起来使用,甲醛和硝基甲烷的峰比较好,但甲醇和水无法分开;文献[55]报道了离子色谱法分析羟胺、N——甲基羟胺和 DMHA;N——甲基羟胺和 DMHA 的气相色谱分析未见报道,甲醛、甲醇、甲酸与硝基甲烷共存时的气相色谱分析也未见报道. 本文主要报道用 PEG20M 毛细柱及 GDX－401 填充柱与 FID 联用的气相色谱法定性定量分析 0.2 M DMHA 水溶液辐解产生的液态有机物.

3.4.2 实验部分

3.4.2.1 仪器及附件
^{60}Co 源装置、气相色谱仪:同前;PEG－20M 石英玻璃毛细柱(ϕ 0.32 mm×25 m),美国 HEWLETT－PACKARD 公司;GDX－401 填充柱(ϕ 3 mm×2 m):天津试剂二厂.

3.4.2.2 主要试剂
DMHA:同前;甲醛:分析纯,上海试剂四厂昆山分厂;甲醇、甲酸:分析纯;硝基甲烷:化学纯,上海化学试剂公司.

3.4.2.3 样品准备及辐照:同 3.2 节.

3.4.3 结果和讨论

3.4.3.1 DMHA 水溶液辐解产生的液态有机物的定性分析
DMHA 辐解可能产生的甲醛、甲醇、硝基甲烷和甲酸的沸点和偶极矩如表 3.6 所示.

表 3.6 DMHA 辐解可能产生的液相有机物的沸点、偶极距

化合物分子式	CH_3OH	$HCHO$	$HCOOH$	CH_3NO_2
沸　点/℃	66	19.5	101	101
偶极距/10^{-30} cm	5.55	7.66	6.07	11.54

这几种有机物的沸点比较低,理论上可以用气相色谱法分析.

由于硝基甲烷和甲酸的沸点相同,根据气相色谱理论,非极性固定液色谱柱无法将它们分离;从偶极矩可以看出:这四种有机物都是极性的且极性不同,理论上可以用极性色谱柱分离.

  首先,用已有的强极性 FFAP 毛细柱与 FID 联用进行试验,甲醇和甲醛无法分开,但硝基甲烷与甲酸分离得很好,峰形也不错,所以,如果没有更好办法的话,可以用 FFAP 毛细柱分析硝基甲烷与甲酸,用另外一根色谱柱分析甲醇与甲醛. 于是,又选用中强极性的白酒专用毛细柱和中弱极性的 SE54 毛细柱进行试验,也无法分开甲醇与甲醛. 文献[65]报道 2 m 长的 GDX‐102 填充柱可以分离甲醇与甲醛,按照文献报道的条件进行实验,具体条件及色谱图如图 3.15 和图 3.16 所示.

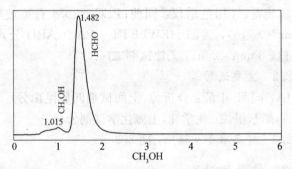

图 3.15 以 GDX‐102 填充柱为色谱柱,甲醛水溶液的色谱图

柱温:100℃ FID 温度:150℃ 载气 N_2 流量:30 mL/min

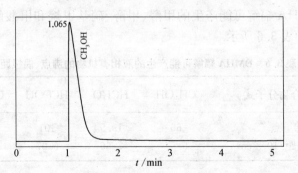

图 3.16 以 GDX‐102 填充柱为色谱柱,甲醇水溶液的色谱图

比较图 3.15 和图 3.16 可知,甲醛溶液色谱图中的第一个小峰是甲醇峰,第二大峰是甲醛峰(甲醛溶液中含少量的甲醇作为阻聚剂),即在甲醇浓度较低的情况下,甲醛与甲醇确实分开了. 而对于相当浓度的甲醇与甲醛混合液,甲醇与甲醛则无法分开,因为甲醇峰在前面,又是比甲醛峰大得多的大峰(这是因为甲醇在 FID 上的响应比甲醛大得多),它将甲醛的小峰遮住了.

文献[66]报道了 CP－CARBOWAX 56 毛细柱分析甲醛和甲醇,载气用氢气,甲醛和甲醇分离得好,峰形也不错,但国产色谱仪如果用 FID 的话,只能以氮气作载气. 考虑到分离效果主要与色谱柱有关,所以这类色谱柱也可以试试,只是载气不同,甲醛响应将减小. 因为以氮气为载气,FID 对甲醛的响应是很小的,而且用毛细柱的话,由于要分流,进入 FID 的样品很少,因此,甲醛峰可能非常小. CP－CARBOWAX 56 是极性聚乙烯醇类色谱柱,理论上也能分离硝基甲烷和甲酸. PEG－20M 是 CP－CARBOWAX56 相似的色谱柱,用 PEG－20M 分析标准混合溶液得到的色谱图如图 3.17 所示.

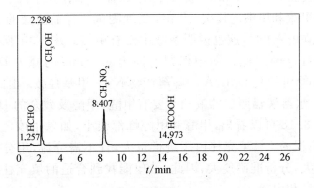

图 3.17 以 PEG－20M 毛细柱为色谱柱,标准混合溶液的色谱图

柱温: 35℃   载气 N_2 流量: 20 mL/min   FID 温度: 120℃

用保留时间对照法可定性各个峰,即图 3.17 中保留时间为

1.26 min、2.3 min、8.4 min 和 15 min 左右的峰分别为甲醛、甲醇、硝基甲烷和甲酸峰,这些峰分离得很好,只是甲醛和甲酸峰很小. 但甲醛和甲醇总算分离了,于是,首先用这根色谱柱对 DMHA 辐解产生的有机物进行定性. 在与图 3.17 相同的条件下分析样品溶液,得到的典型色谱图如图 3.18 所示.

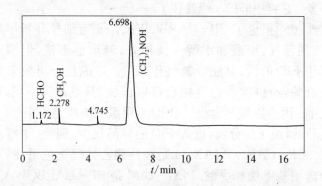

图 3.18　以 PEG‑20M 毛细柱为色谱柱,样品溶液的色谱图

比较图 3.17 和图 3.18 可知,液体样品中存在甲醛、甲醇,没有硝基甲烷和甲酸. 其次,用 pH 试纸测试了样品溶液的 pH 值,其值都在9～10间,这也说明溶液中没有甲酸. 另外,用保留时间对照法可以确定色谱图中保留时间为 6.7 min 的峰为 DMHA;4.7 min峰可能是 DMHA 的降解产物 N—甲基羟胺. 由此可知:DMHA 水溶液辐照后的液相主要有甲醛、甲醇及残余的 DMHA. 但从图 3.18 可以看出,甲醛和甲醇峰都很小,如果用该色谱柱定量,分析误差大. 填充柱由于进样量大,且不需分流,组分的色谱峰比较大,分析准确度大,因此,希望能找到合适的填充柱来定量分析甲醛和甲醇.

文献[61,62]报道,填充柱 GDX‑401 能分开甲醛和甲醇,参照文献报道的条件,分析了甲醛水溶液,具体条件及色谱图如图3.19所示.

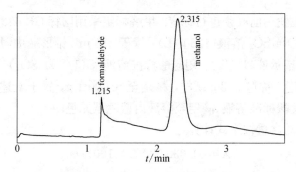

图 3.19　以 GDX‑401 填充柱为色谱柱，甲醛和甲醇溶液的色谱图

柱温：130℃　载气 N_2 流量：20 mL/min　FID 温度：160℃

由图 3.19 可知，甲醛和甲醇分离得比较好，甲醛峰也比较大. 在该条件下，分析 DMHA 辐照后的液相样品，得到的色谱图如图 3.20 所示.

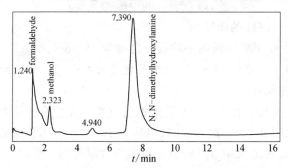

图 3.20　以 GDX‑401 填充柱为色谱柱，DMHA 辐照后的液相样品的色谱图

比较图 3.19 和图 3.20 可知，样品中确实存在甲醛和甲醇，用同样方法，可以确定保留时间为 7.4 min 的峰为 DMHA 峰，4.9 min 峰可能是 DMHA 的降解产物 N——甲基羟胺. 通过以上两类色谱柱的分析，可以确定 DMHA 辐照后的液相中存在的有机物有甲醛、甲醇及残余的 DMHA，没有甲酸和硝基甲烷.

3.4.3.2　DMHA 水溶液辐解产生的液态有机物的定量分析

3.4.3.3　甲醛的标定

由于甲醛溶液放置一段时间后，容易发生聚合生成多聚甲醛，所以,甲醛在使用前必须进行标定. 甲醛标定采用国标 GB 685 - 93. 量取 50 mL Na_2SO_3 溶液(126 g/L),置于 250 mL 锥形瓶中,加 3 点百里香酚酞指示液(1 g/L),用硫酸标准溶液$[C(1/2\ H_2SO_4)=1\ N/L]$滴定至无色. 称取 3.2 g 试样,精确至 0.000 1 g,置于上述溶液中,摇匀,用硫酸标准溶液,滴定至溶液由蓝色至无色.

甲醛的含量按下式计算:

$$X=(0.030\ 03\ VC\times100)/m$$

式中:X——甲醛的百分含量/%;

V——试样消耗硫酸标准溶液的体积/mL;

C——硫酸标准溶液的浓度为 1.044 5 N/L;

0.030 03——与 1.00 mL 硫酸标准溶液($C=1.00$ N/L)相当

的,以克表示的甲醛的质量;

m——试样的质量/g.

实验测得甲醛溶液的平均百分含量为 34.58%.

3.4.3.4 用 GDX - 401 填充柱定量分析 DMHA 水溶液辐解产生的液态有机物

DMHA 水溶液辐解产生的液态有机物的定量分析采用外表法. 图 3.21 和图 3.23 分别为甲醛、甲醇和 DMHA 的工作曲线;表 3.7 为不同剂量下,0.2 M 的 DMHA 辐照后各组分的峰面积.

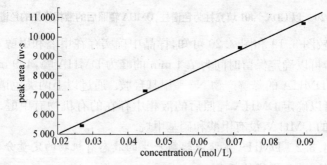

图 3.21 甲醛的工作曲线

$y=3\ 317.7+84\ 082.6x$ $\rho=0.997\ 7$

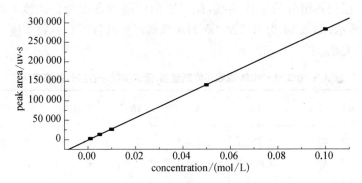

图 3.22   甲醇的工作曲线

$$y=-1\,426.9+2\,843\,370x \quad \rho=0.999\,98$$

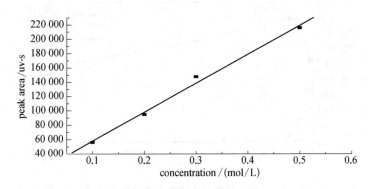

图 3.23   DMHA 的工作曲线

$$y=17\,461.3+403\,586x \quad \rho=0.996\,14$$

表 3.7   0.2 M DMHA 吸收不同剂量后,液体样品中各组分的峰面积/uv·s

剂量/kGy	10	50	100	500	1 000
甲 醛	12 170.4	15 987.5	16 721.8	14 210.0	12 015.3
甲 醇	1 074.3	2 606.1	6 604.4	2 021.6	1 514.4
DMHA	36 390.8	29 125.4	20 774.6	0	0

根据各组分的工作曲线,就可算出样品中各组分的浓度,如表3.8 所示;图 3.24 为 0.2 M DMHA 辐解产生的各类有机物浓度与剂量的关系.

表 3.8　0.2 M DMHA 吸收不同剂量后,液体样品中各组分的浓度/M

剂量/kGy	10	50	100	500	1 000
甲　醛	0.105 3	0.150 7	0.159 4	0.129 5	0.103 4
甲　醇	0.000 9	0.001 4	0.002 8	0.001 2	0.001 0
DMHA	0.047	0.029	0.008 2	0	0

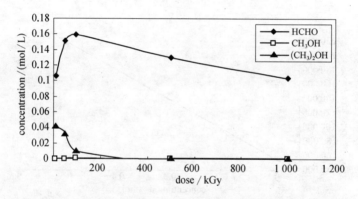

图 3.24　0.2 M DMHA 辐解产生的各类有机物的浓度与剂量的关系

由表 3.7 和图 3.24 可看出,0.2 M DMHA 辐解产生的甲醛浓度比较高,甲醇浓度则很低. 甲醛浓度先随剂量增加而增加,但当剂量大于100 kGy 时,甲醛浓度则随剂量增加而缓慢减少. DMHA 浓度则随剂量的增加迅速下降,当剂量为 500 kGy 时,DMHA 已完全降解.

3.4.4　结论

(1) 用 PEG‐20M 毛细柱和 GDX‐401 填充柱与 FID 联用的气相色谱法定性定量分析了 DMHA 水溶液辐解产生的液相有机物.

（2）DMHA 水溶液辐解产生的液态有机物主要有甲醛和甲醇,甲醛浓度比较高,甲醇浓度则很低.

（3）甲醛浓度先是随剂量的增加而增加,但当剂量大于100 kGy时,甲醛浓度则随剂量增加而缓慢减少;DMHA 浓度则随着剂量的增加迅速下降,当剂量为 500 kGy 时,DMHA 已完全辐解.

3.5 DMHA 辐解产生的铵离子的定性定量分析

3.5.1 引言

DMHA 辐解可能产生的无机盐主要是铵盐,对于铵离子的定性分析可以采用化学法[49,50],对于铵离子的定量分析则可采用纳氏试剂分光光度法[51]. 本文主要用化学法和纳氏试剂分光光度法定性定量分析-DMHA 水溶液辐解产生的铵离子.

3.5.2 实验部分

3.5.2.1 仪器

^{60}Co 源装置:同前;22 型光栅分光光度计:上海精密科学仪器有限公司.

3.5.2.2 样品及试剂

DMHA:同前;氨水:分析纯,上海试剂四厂昆山分厂;碘化汞;分析纯,泰兴市化学试剂厂;碘化钾、氯化铵、酒石酸钾钠;分析纯,上海化学试剂公司.

3.5.2.3 样品的准备及辐照:同 3.1 节.

3.5.2.4 纳氏试剂等溶液的配制

3.5.2.5 纳氏试剂:称取 22.4 克氢氧化钾于 60 mL 水中,搅拌使其完全溶解;称取 7 克碘化钾,溶于 30 mL 去离子水中. 再称取 10.0 g 碘化汞,将其分数次缓慢地加到碘化钾溶液中,不断搅拌,使其完全溶解. 然后将该溶液缓慢地加到氢氧化钾溶液,充分冷却后,

加水稀释至 100 mL,静置一天. 贮于棕色细口瓶中备用. 使用时勿摇动溶液,取上清液为显色剂. pH≈10.

3.5.2.6　酒石酸钾钠溶液:称取 50 g 酒石酸钾钠,溶解于水中,加热煮沸以驱除铵,待冷却后稀释至 100 mL.

3.5.2.7　氯化铵标准储备液:称取 0.743 1 g 氯化铵(105℃烘 2 小时)溶于水,然后移入 250 mL 容量瓶中,用水稀释至标线. 此溶液每毫升含 1.000 mg 铵离子.

3.5.2.8　氯化铵标准使用液:吸取氯化铵标准储备液 5.00 mL 于 500 mL 容量瓶中,用水稀释至标线,摇匀. 此溶液每毫升含10.0 μg 铵离子.

3.5.3　结果与讨论

3.5.3.1　DMHA 水溶液辐解产生的铵离子的定性分析

DMHA 水溶液辐解产生的铵离子的定性分析采用化学法[49, 50]. NH_4^+ 存在时,加入 NaOH 溶液,加热便有 NH_3 逸出,NH_3 遇水显碱性. 以湿润的石蕊或酚酞试纸盖着管口,如石蕊试纸变蓝或酚酞试纸变红,证明有 NH_4^+ 存在,该反应的方程式为:

$$NH_4^+ + OH^- = NH_3 \uparrow + H_2O \qquad (15)$$

取 1 mL 辐照过的 DMHA 液体样品于干燥的试管中,然后加入几滴 1.0 M NaOH 溶液,再用湿润的酚酞试纸盖在管口,小火加热,则酚酞试纸变红,说明样品中确实存在铵离子.

3.5.3.2　DMHA 水溶液辐解产生的铵离子的定量分析

采用纳氏试剂分光光度法[51]定量分析不同浓度 DMHA 吸收不同剂量后产生的铵离子. 纳氏试剂为 K_2HgI_4 的 KOH 溶液. 纳氏试剂一般用氯化汞与碘化钾反应,然后再加入氢氧化物制得. 考虑到氯化汞有挥发性,毒性也较大,因此,本人选用无挥发性、毒性较小的碘化汞代替氯化汞以制备纳氏试剂. 纳氏试剂与 NH_3 反应,生成红棕色沉淀,方程式为[52, 53]:

$$NH_3 + 2HgI_4^{2-} + OH^- = \left[\begin{array}{c} I-Hg \\ \\ I-Hg \end{array}\right\rangle NH_2 \right] I\downarrow (红棕色) + 5I^- + H_2O$$

$$(16)$$

NH$_3$ 浓度较低时,没有沉淀产生,但溶液呈黄色或棕色,根据颜色深浅,用分光光度法测定. 在碱性介质中 Ca^{2+}、Mg^{2+} 等离子会析出氢氧化物沉淀,干扰测定,用酒石酸钾钠掩蔽,反应的方程式可能为:

$$\begin{array}{c} COOK \\ | \\ COOH \\ | \\ COOH \\ | \\ COONa \end{array} + Ca^{2+}(Mg^{2+}) \longrightarrow \begin{array}{c} COOK \\ | \\ COO \\ \\ COO \\ | \\ COONa \end{array}\Big\rangle Ca(Mg) + 2H^+ \qquad (17)$$

3.5.3.3 铵离子标准曲线的绘制

取 6 支 25 mL 比色管,按表 3.9 配制标准系列.

表 3.9　氯化铵标准系列

管　　号	0	1	2	3	4	5
氯化铵标准使用液/mL	0	1.60	2.40	4.80	9.60	19.2
铵离子的含量/10^{-3}M	0	0.036	0.053	0.107	0.213	0.427
吸光度/A	0	0.092	0.139	0.266	0.506	0.954

向各管中加入 1～2 滴酒石酸钾钠溶液,用水稀释至标线,摇匀. 再加入 0.5 mL 纳氏试剂,盖塞摇匀. 放置 20 min 后,用 1 cm 比色皿在波长 420 nm 处,以水为参比,测定吸光度. 以吸光度($A-A_0$)对铵离子浓度(mM),绘制标准曲线,如图 3.25 所示.

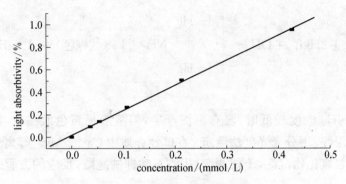

图 3.25　铵离子的标准曲线

$$y=0.016\,7+2.22x \quad \rho=0.999\,3$$

3.5.3.4　DMHA 辐照不同剂量后,液体样品中铵离子的定量分析

吸取液体样品 1 mL 于 100 mL 容量瓶中,用去离子水稀释至 100 mL. 以下步骤同标准曲线的绘制. 不同剂量、不同浓度 DMHA 的吸光度如表 3.10 所示;通过计算得到的铵离子浓度如表 3.11 所示.

表 3.10　DMHA 辐照后,液体样品中铵离子的吸光度/A

DMHA 浓度/M	剂量/kGy				
	10	50	100	500	1 000
0.1	0.34	0.296	0.07	0.157	0.18
0.2	0.392	0.806	0.769	0.113	0.245
0.3	0.419	0.119*	0.773	0.107	0.251
0.5	0.085*	0.364	0.34	0.247	0.152*

* 表示样品溶液稀释了 1 000 倍.

表 3.11　DMHA 辐照后,液体样品中铵离子的浓度/10^{-3}M

DMHA 浓度/M	剂量/kGy				
	10	50	100	500	1 000
0.1	14.56	12.58	2.40	6.30	7.35
0.2	16.90	35.54	33.87	4.337	10.28

DMHA 浓度/M ＼ 剂量/kGy	10	50	100	500	1 000
0.3	18.11	46.07	34.05	4.067	10.55
0.5	30.76	15.64	14.56	10.37	60.93

由表 3.11 可知,当剂量为 10～1 000 kGy,DMHA 浓度为0.1～0.5 M 时,铵离子浓度较低,最大仅为 0.06 M,也即 1 g/L. 另外,铵离子浓度与 DMHA 浓度及剂量的关系都不明显.

3.5.4　结论

(1) 用化学法与纳氏试剂分光光度法定性定量分析了 DMHA 水溶液辐解产生的铵离子.

(2) 当剂量为 10～1 000 kGy,DMHA 浓度为 0.1～0.5 M 时,DMHA 辐解产生的铵离子浓度与 DMHA 本身浓度及剂量关系都不明显,铵离子的最大浓度为 1 g/L.

3.6　DMHA 辐解产生的液态产物的研究及其机理探索

3.6.1　引言

3.4 节用 PEG - 20M 毛细柱和 GDX - 401 填充柱与 FID 联用的气相色谱法定性定量分析了 DMHA 水溶液辐解产生的液相有机物,结果表明 DMHA 水溶液辐照后,液相中的有机物主要有甲醛、甲醇及残余的 DMHA. 本章第五节用化学法和纳氏试剂分光光度法定性定量分析了 DMHA 水溶液辐解产生的铵离子. 本节主要研究 DMHA 水溶液辐解产生各种液相产物的机理,并用该机理解释 DMHA 辐解产生的各类液相产物浓度与 DMHA 浓度及剂量的关系.

3.6.2 实验部分

3.6.2.1 实验仪器及主要配件

^{60}Co 源装置、GC900A 气相色谱仪：同前；PEG - 20M 石英玻璃毛细柱(ϕ 0.32 mm × 25 m)、美国 HEWLETT - PACKARD 公司；GDX - 401 填充柱(ϕ 3 mm × 2 m)：天津试剂二厂；722 型光栅分光光度计：上海精密科学仪器有限公司.

3.6.2.2 主要试剂

DMHA：同前；甲醛：分析纯,上海试剂四厂昆山分厂；甲醇、甲酸、硝基甲烷：分析纯,上海化学试剂公司.

3.6.2.3 样品的准备及辐照：同 3.1 节.

3.6.3 结果与讨论

3.6.3.1 DMHA 水溶液辐解产生各种液相产物的机理

有机物稀水溶液的辐射化学效应主要是溶剂辐解产生的活性粒子与溶质间的反应所引起[40]. 在 DMHA 水溶液中,溶剂水受到 γ 辐射时,发生反应产生 H·、·OH, e_{aq}^-, H_2, H_2O_2 和 H^+ 等粒子：

$$H_2O \longrightarrow \cdot H, \cdot OH, e_{aq}^{-1}, H_2, H_2O_2, H^+ \qquad (18)$$

其中,e_{aq}^-、H· 和 ·OH 的活性大,容易与溶质分子反应. 由于体系中含有空气,空气中的氧气与 e_{aq}^- 和 H· 发生下列反应生成 $HO_2·$：

$$e_{aq}^- + O_2 \longrightarrow O_2^- \qquad (19)$$

$$O_2^- + H^+ \longrightarrow HO_2· \qquad (20)$$

$$H· + O_2 \longrightarrow HO_2· \qquad (21)$$

生成的 $HO_2·$ 与溶质 DMHA 反应：

$$HOO· + (CH_3)_2NOH \longrightarrow HOOH + (CH_3)_2NO· \qquad (22)$$

据估算[55]，自由电子在 N—O 键中 N 上的几率是 60%，在 N—O 键中 O 上的几率是 40%，也就是说，方程式(22)生成二甲基氮氧自由基可以用下式表示：

$$\begin{array}{c}CH_3\\|\\N-O\cdot\\|\\CH_3\end{array}\Longleftrightarrow\begin{array}{c}CH_3\\|\\\dot{N}\longrightarrow O\\|\\CH_3\end{array}\qquad(23)$$

二甲基氮氧自由基能发生自身氧化还原反应：

$$\begin{array}{c}CH_3\\|\\N-O\cdot\\|\\CH_3\end{array}+\begin{array}{c}H\\|\\CH_2\\|\\\dot{N}\longrightarrow O\\|\\CH_3\end{array}\longrightarrow\begin{array}{c}CH_3\\|\\N-OH\\|\\CH_3\end{array}+\begin{array}{c}O\\\|\\CH_2=N-CH_3\end{array}$$

$$(24)$$

产物继续发生水解反应生成甲醛和 N-甲基羟胺[54]：

$$\begin{array}{c}O\\\|\\CH_2=N-CH_3\end{array}+H_2O\longrightarrow HCHO+CH_3NHOH\qquad(25)$$

另外，H· 和 ·OH 也能与 DMHA 反应，它们容易夺取 DMHA α 碳上的氢：

$$H\cdot+\begin{array}{c}CH_3\\|\\N-OH\\|\\CH_3\end{array}\longrightarrow H_2+\begin{array}{c}\dot{C}H_2\\|\\N-OH\\|\\CH_3\end{array}\qquad(26)$$

$$\cdot OH+\begin{array}{c}CH_3\\|\\N-OH\\|\\CH_3\end{array}\longrightarrow H_2O+\begin{array}{c}\dot{C}H_2\\|\\N-OH\\|\\CH_3\end{array}\qquad(27)$$

H· 和 ·OH 也有可能夺取 DMHA 氧原子上的氢：

$$\cdot H + \underset{CH_3}{\overset{CH_3}{N}}-OH \longrightarrow H_2 + \underset{CH_3}{\overset{CH_3}{N}}-O\cdot \qquad (28)$$

$$\cdot OH + \underset{CH_3}{\overset{CH_3}{N}}-OH \longrightarrow H_2O + \underset{CH_3}{\overset{CH_3}{N}}-O\cdot \qquad (29)$$

(28)、(29)生成的产物与反应式(22)产物相同,经过反应(24)、(25),最后水解为甲醛和 N——甲基羟胺. 而(26)、(27)的产物则可能与 HO$_2$· 发生下列反应：

$$\underset{CH_3}{\overset{\dot{C}H_2}{N}}-OH + HOO\cdot \longrightarrow \underset{CH_3}{\overset{\overset{OOH}{|}\,CH_2}{N}}-OH \qquad (30)$$

$$2\;\underset{CH_3}{\overset{\overset{OOH}{|}\,CH_2}{N}}-OH \longrightarrow 2\;\underset{CH_3}{\overset{\overset{O\cdot}{|}\,CH_2}{N}}-OH + H_2O_2 \qquad (31)$$

$$\underset{CH_3}{\overset{\overset{O\cdot}{|}\,CH_2}{N}}-OH + \underset{CH_3}{\overset{CH_3}{N}}-OH \longrightarrow \underset{CH_3}{\overset{\overset{OH}{|}\,CH_2}{N}}-OH + \underset{CH_3}{\overset{\dot{C}H_2}{N}}-OH$$

$$(32)$$

$$\text{(structure)} \longrightarrow HCHO + CH_3NHOH \qquad (33)$$

由上可知，在空气存在的条件下，DMHA 与溶剂水辐解产生的 e_{aq}^-、H· 和 ·OH 反应得到的产物为甲醛及 N —甲基羟胺. 甲醛及 N —甲基羟胺会继续与体系中的 HO_2·、e_{aq}^-、H· 和 ·OH 发生反应，其中，甲醛与 HO_2· 反应生成甲酸：

$$\text{(structure)} \qquad (34)$$

$$\text{(structure)} \qquad (35)$$

甲醛与 e_{aq}^- 反应：

$$\text{(structure)} \qquad (36)$$

$$\text{(structure)} \qquad (37)$$

甲醛也会与 H· 和 ·OH 发生抽氢反应：

$$\text{(structure)} \qquad (38)$$

$$H-\overset{\overset{\displaystyle O}{\|}}{C}-H + \cdot OH \longrightarrow H-\overset{\overset{\displaystyle O}{\|}}{\underset{\cdot}{C}} + H_2O \tag{39}$$

空气存在时,甲酰自由基与空气中的氧气反应[40]:

$$H-\overset{\overset{\displaystyle O}{\|}}{\underset{\cdot}{C}} + O_2 \longrightarrow H-\overset{\overset{\displaystyle O}{\|}}{C}-O-O\cdot \tag{40}$$

$$H-\overset{\overset{\displaystyle O}{\|}}{C}-O-O\cdot + HOO\cdot \xrightarrow{H_2O} H-\overset{\overset{\displaystyle O}{\|}}{C}-OH + H_2O_2 + O_2 \tag{41}$$

甲醛中的醛基是一个不饱和键,氧原子上的电子密度高,碳原子上的电子密度低,H· 和 ·OH 能与其发生加成反应:

$$H-\overset{\overset{\displaystyle O}{\|}}{C}-H + H\cdot \longrightarrow \cdot CH_2OH \tag{42}$$

$$H-\overset{\overset{\displaystyle O}{\|}}{C}-H + \cdot OH \longrightarrow H-\overset{\overset{\displaystyle \cdot O}{\|}}{\underset{OH}{C}}-H \tag{43}$$

$$H-\overset{\overset{\displaystyle \cdot O}{\|}}{\underset{OH}{C}}-H + R\cdot \longrightarrow H-\overset{\overset{\displaystyle O}{\|}}{C}-OH + RH \tag{44}$$

反应式(37)、(42)产生的羟甲基可能通过下列反应生成甲醇和甲醛:

$$\cdot CH_2OH + CH_3\overset{OH}{\underset{}{N}}CH_3 \longrightarrow CH_3OH + \cdot CH_2\overset{OH}{\underset{}{N}}CH_3 \tag{45}$$

$$\cdot CH_2OH + O_2 \longrightarrow HCHO + HOO \cdot \qquad (46)$$

DMHA 的降解产物 N-—甲基羟胺和 $HO_2\cdot$ 发生下列反应生成甲醛和羟胺：

$$CH_3NHOH + HOO \cdot \longrightarrow CH_3NHO \cdot + HOOH \qquad (47)$$

$$\overset{\overset{\displaystyle \cdot}{O}}{\underset{}{CH_3NH}} \rightleftharpoons \overset{\overset{\displaystyle O}{\uparrow}}{\underset{\cdot}{CH_3NH}} \qquad (48)$$

$$\overset{\overset{\displaystyle \cdot}{O}}{\underset{}{CH_3NH}} + \underset{\overset{\displaystyle |}{H}}{\overset{\overset{\displaystyle O}{\uparrow}}{CH_2\underset{\cdot}{NH}}} \longrightarrow \overset{\overset{\displaystyle OH}{|}}{\underset{}{CH_3NH}} + \overset{\overset{\displaystyle O}{\uparrow}}{\underset{}{CH_2=NH}} \qquad (49)$$

$$\overset{\overset{\displaystyle O}{\uparrow}}{\underset{}{CH_2=NH}} + H_2O \longrightarrow HCHO + NH_2OH \qquad (50)$$

N-—甲基羟胺也会与 H· 和 ·OH 反应，最终也生成甲醛和羟胺：

$$\cdot H + CH_3NHOH \longrightarrow H_2 + \cdot CH_2NHOH \qquad (51)$$

$$\cdot OH + CH_3NHOH \longrightarrow H_2O + \cdot CH_2NHOH \qquad (52)$$

生成的 N-—甲基羟胺自由基与 $HO_2\cdot$ 反应生成甲醛和羟胺：

$$\cdot CH_2NHOH + HOO \cdot \longrightarrow \underset{\overset{\displaystyle |}{OOH}}{CH_2NHOH} \qquad (53)$$

$$\underset{\overset{\displaystyle |}{OOH}}{CH_2NHOH} \longrightarrow \underset{\overset{\displaystyle |}{\underset{\cdot}{O}}}{CH_2NHOH} \qquad (54)$$

$$\underset{\overset{\displaystyle |}{\underset{\cdot}{O}}}{CH_2NHOH} + \underset{\overset{\displaystyle |}{OH}}{CH_3NCH_3} \longrightarrow \underset{\overset{\displaystyle |}{OH}}{CH_2NHOH} + \underset{\overset{\displaystyle |}{OH}}{\cdot CH_2NCH_3}$$

$$(55)$$

$$CH_2 \!-\! NHOH \longrightarrow HCHO + NH_2OH \tag{56}$$

$$O \!-\! H$$

羟胺继续发生下列反应生成铵离子[56]：

$$NH_2OH + 3H^+ + 2e_{aq}^- \longrightarrow NH_4^+ + H_2O \tag{57}$$

$$NH_2OH + 2H_2O + 2e_{aq}^- \longrightarrow NH_3 \cdot H_2O + 2OH^- \tag{58}$$

另外,DMHA 辐解生成的甲醇也会与 H· 和 ·OH 反应：

$$CH_3OH + \cdot H \longrightarrow \cdot CH_2OH + H_2 \tag{59}$$

$$CH_3OH + \cdot OH \longrightarrow \cdot CH_2OH + H_2O \tag{60}$$

羟甲基自由基通过反应式(45)、(46)生成甲醇和甲醛. 辐解生成的甲酸浓度是很低的,因此,其与 H· 和 ·OH 主要发生下列反应生成二氧化碳：

$$HCOOH + H \cdot \longrightarrow \cdot COOH + H_2 \tag{61}$$

$$HCOOH + \cdot OH \longrightarrow \cdot COOH + H_2O \tag{62}$$

$$\cdot COOH + O_2 \longrightarrow CO_2 + HOO \cdot \tag{63}$$

当溶质 DMHA 浓度较高时,γ 射线能与其直接作用,引起分子中共价键的断裂. 表 3.12 为 DMHA 中各种共价键的键能.

表 3.12　DMHA 中各种共价键的键能

共价键种类	键能/(kcal/mol)	共价键种类	键能/(kcal/mol)
C—H	104	N—O	46
C—C	80	O—H	110
C—N	65		

由表 3.12 可以看出,N—O 键能最小,C—N 其次,因此,N—O

键最容易断裂,C—N 键其次. 如果 N—O 断裂,则生成二甲胺,胺类化合物的 C—N 对辐射是敏感的[57],二甲胺水溶液受到辐射作用,可能发生下列反应,导致 C—N 断裂,最终生成铵离子:

$$(CH_3)_2NH \xrightarrow{\quad -2H \quad} CH_2 = NCH_3 \tag{64}$$

$$CH_2 = N—CH_3 + H_2O \longrightarrow HCHO + CH_3NH_2 \tag{65}$$

$$CH_3NH_2 \xrightarrow{\quad -2H \quad} CH_2 = NH \tag{66}$$

$$CH_2 = NH + H_2O \longrightarrow HCHO + NH_3 \tag{67}$$

$$NH_3 + H_2O \longrightarrow NH_4^+ + OH^- \tag{68}$$

如果 C—N 断裂,则生成甲基自由基,甲基自由基与 ·OH 反应生成甲醇:

$$·CH_3 + ·OH \longrightarrow CH_3OH \tag{69}$$

由上面的反应机理可以看出:在氧气存在的条件下,DMHA 首先降解为甲醛和 N-—甲基羟胺,甲醛和 N-—甲基羟胺与水辐解产生的 $HO_2·$、e_{aq}^-、$H·$ 和 ·OH 继续反应生成甲醇、甲酸和羟胺,而甲醇、甲酸和羟胺可能继续发生反应生成甲醛、二氧化碳和铵离子. 当 DMHA 浓度较高时,γ 射线能与 DMHA 直接反应,再经过一系列反应,最终生成甲醛、铵离子和少量的甲醇. 综上所述:DMHA 水溶液辐解产生的液态产物应该是甲醛、铵离子和少量甲醇. 实验结果与理论推断是一致的.

3.6.3.2 DMHA 辐解产生的液相产物浓度与剂量的关系

用 3.4 节提到的方法,即 GDX-401 与 FID 联用的气相色谱法分析不同浓度 DMHA 水溶液辐解产生的甲醛、甲醇及残余的 DMHA 浓度. 图 3.26 为不同浓度 DMHA 辐解产生的甲醛浓度与剂量的关系.

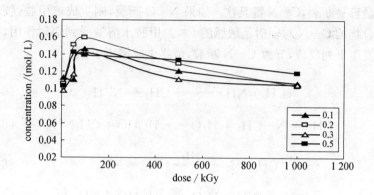

图 3.26　DMHA 辐解产生的甲醛浓度与剂量的关系

由图 3.26 可知,DMHA 辐解产生的甲醛浓度较高;甲醛浓度与 DMHA 浓度关系不大,与剂量关系较大. 当剂量较低时,甲醛浓度随剂量的增加而增加,但当剂量达到 100 kGy 以后,甲醛浓度则随剂量的增加而减少.

这是因为,在空气存在下,DMHA 与溶剂水辐解产生的 HO_2· 反应(22)、(25)、与 H· 和 ·OH 反应(26)、(33)都生成甲醛和 N-一甲基羟胺;而 N-一甲基羟胺与 HO_2· 反应(47)、(50)、与 H· 和 ·OH 反应(51)、(56)也都生成甲醛,所以,甲醛浓度较高. 另外,随着剂量增大,HO_2·、H· 和 ·OH 浓度增加,因此,甲醛浓度也增大. 当甲醛浓度增大到一定程度时,甲醛与水辐解产生的 HO_2·、e_{aq}^-、H· 和 ·OH反应变得显著起来,因此,当剂量达到一定值时,甲醛浓度反而随剂量的增大而减少. 另一方面,由于辐解产生的甲醛与 HO_2· 反应(34)、(35)、与 H· 和 ·OH 的抽氢反应(38)~(41)、与 ·OH 的加成反应(43)、(44)都生成甲酸,而甲酸与 H· 和 ·OH 及氧气反应(61)~(63)的产物二氧化碳是难溶于水的气体,生成的二氧化碳气体马上溢出水面,这样,即使 DMHA 浓度增大,辐解产生的甲醛浓度增大,但由于生成的甲醛又不断生成甲酸,甲酸又不断辐解成二氧化碳而溢出水面,因此,当剂量一定时,最终溶液中甲醛浓度保持在一定值,而与 DMHA 浓度的关系不大.

图 3.27 为不同浓度 DMHA 辐解产生的甲醇浓度与剂量的关系. 比较图 3.26 和图 3.27 可以看出:甲醛浓度大大高于甲醇,甲醛浓度约为甲醇的 100 倍. 这是因为甲醇是由 DMHA 辐解产物甲醛与 e_{aq}^- 反应(36)、(37)、与 H• 的加成反应(42)生成羟甲基自由基,羟甲基自由基与 DMHA 等有机物发生抽氢反应(45)生成. 而甲醇还会与 H• 和 •OH 及氧气反应(59)、(60)、(46)生成部分甲醛,因此,甲醇浓度远远低于甲醛. 甲醇浓度与剂量的关系与甲醛的相似. 当剂量低于 300 kGy,甲醇浓度与 DMHA 浓度的关系不明显;但当剂量大于 300 kGy 时,甲醇浓度随 DMHA 浓度的增大而增大.

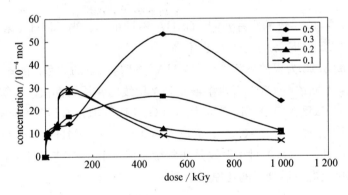

图 3.27　DMHA 辐解产生的甲醇浓度与剂量的关系

图 3.28 为不同浓度 DMHA 辐解产生的铵离子浓度与剂量的关系. 由图看出:DMHA 辐解产生的铵离子浓度很低,其与 DMHA 浓度及剂量的关系都不明显. 与 DEHA 一样,当 DMHA 浓度为 0.5 M,剂量大于 500 kGy 时,铵离子浓度随剂量的增大而增大.

铵离子的产生是:首先,DMHA 与 HOO•、H• 和 •OH 反应 (22)~(33)生成 N -一甲基羟胺,N -一甲基羟胺与 HOO•、H• 和 •OH反应(47)~(56)生成羟胺,羟胺再与 e_{aq}^- 反应生成铵离子. 经过这么多步骤才生成铵离子,其浓度必然是很低的,这一点实验结果与

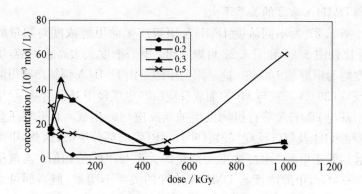

图 3.28　DMHA 辐解产生的铵离子浓度与剂量的关系

理论推断是一致的. 另外, 与 DEHA 不同的是: 当 DMHA 浓度为
0.3和0.5 M 时, 铵离子浓度也不高.

　　图 3.28 为辐照后溶液中 DMHA 浓度与剂量的关系. 由图 3.28
可知: 不同浓度 DMHA 水溶液受到 γ 射线的作用后都快速降解. 当
DMHA 浓度为 0.1 M, 剂量为 50 kGy 时, DMHA 已经完全降解;
DMHA 浓度为 0.2~0.5 M, 剂量为 500 kGy 时, DMHA 也已经完全
降解, 说明 DMHA 对 γ 射线是非常敏感的, 因此, 单纯 DMHA 不适
合用作乏燃料后处理的还原反萃剂.

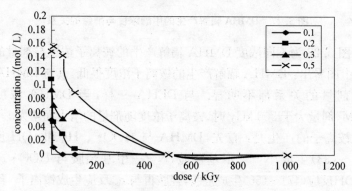

图 3.29　辐照后溶液中 DMHA 浓度与剂量的关系

3.6.4　结论

（1）研究了 DMHA 水溶液辐解产生甲醛、甲醇和铵离子的机理，该机理较好地解释实验结果.

（2）研究了 DMHA 水溶液辐解产生的甲醛、甲醇和铵离子浓度与 DMHA 浓度及剂量的关系. 当 DMHA 浓度为 $0.1 \sim 0.5$ M，剂量为 $10 \sim 1\,000$ kGy 时，甲醛浓度远远高于甲醇和铵离子浓度在 $0.10 \sim 0.16$ M 左右，铵离子浓度在 $2.4 \times 10^{-3} \sim 6.1 \times 10^{-2}$ M，而甲醇浓度在 $8.5 \times 10^{-4} \sim 5.3 \times 10^{-3}$ M.

（3）甲醛浓度与 DMHA 浓度关系不大，与剂量关系较大. 当剂量较低时，甲醛浓度随剂量的增加而增大，但当剂量达到 100 kGy 以后，甲醛浓度则随剂量的增加而减少. 甲醇浓度非常低. 当剂量低于 300 kGy，甲醇浓度与 DMHA 浓度的关系不明显；但当剂量大于 300 kGy 时，甲醇浓度随 DMHA 浓度的增大而增大. 甲醇浓度与剂量的关系与甲醛的相似. 铵离子浓度与 DMHA 浓度及剂量的关系都不明显.

（4）DMHA 水溶液对 γ 射线非常敏感，当 DMHA 浓度为 $0.1 \sim 0.5$ M，剂量为 500 kGy 时，DMHA 已完全辐解，因此，单纯 DMHA 不适合用作乏燃料后处理的还原反萃剂.

3.7　小结

1. 本章主要研究了 DMHA 水溶液辐解产生的气态和液态产物及其机理.

2. 用 5Å 分子筛填充柱与 TCD 联用的气相色谱法，定性定量研究了 DMHA 水溶液辐解产生的氢气和一氧化碳；用三氧化二铝毛细柱与 FID 联用的气相色谱法，定性定量研究了 DMHA 水溶液辐解产生的气态烃；用 PEG-20M 毛细柱和 GDX-401 填充柱与 FID 联用的气相色谱法，定性定量研究了 DMHA 水溶液辐解产生的液相有机物；用化学法和纳氏试剂分光光度法定性定量研究了 DMHA 水溶液辐解产生的铵离子.

3. DMHA 水溶液辐解产生的气态产物有氢气、一氧化碳、甲烷、乙烷、乙烯、丙烷、丙烯和正丁烷;液态产物有甲醛、甲醇和铵离子.

4. 当 DMHA 浓度为 0.1~0.5 M,剂量为 10~1 000 kGy 时,DMHA 水溶液辐解产生的气态产物中,氢气的体积分数最高,其次分别为甲烷和乙烷. 氢气体积分数远远高于甲烷和乙烷,最高达 0.30,甲烷和乙烷的体积分数最高分别达 3.4×10^{-4} 和 5.1×10^{-5}. 液态产物中,甲醛浓度远远高于甲醇和铵离子在 0.10~0.16 M 左右,铵离子浓度在 $2.4 \times 10^{-3} \sim 6.1 \times 10^{-2}$ M,而甲醇浓度在 $8.5 \times 10^{-4} \sim 5.3 \times 10^{-3}$ M.

5. 氢气体积分数随剂量的增大而增大;当剂量小于 500 kGy 时,氢气体积分数与 DMHA 浓度关系不大;但当剂量大于 500 kGy 时,氢气体积分数随着 DMHA 浓度的增大而增大. 当 DMHA 浓度为 0.1~0.3 M,剂量小于 500 kGy,甲烷和乙烷的体积分数随剂量的增加而增大,但与 DMHA 浓度的关系不大. 当剂量大于 500 kGy 时,甲烷和乙烷的体积分数随剂量的变化不明显,但随 DMHA 浓度的增大而增大. 当 DMHA 浓度为 0.5 M 时,甲烷体积分数随剂量的增加直线上升,乙烷体积分数随剂量缓慢增大. 甲醛浓度与 DMHA 浓度关系不大,与剂量关系较大:当剂量较低时,甲醛浓度随剂量的增加而增加,但当剂量达到 100 kGy 以后,甲醛浓度则随剂量的增加而减少. 甲醇浓度非常低,其与剂量的关系与甲醛的相似. 当剂量低于 300 kGy,甲醇浓度与 DMHA 浓度的关系不明显;但当剂量大于 300 kGy 时,甲醇浓度随 DMHA 浓度的增大而增大. 铵离子浓度与 DMHA 浓度及剂量的关系都不明显.

6. DMHA 水溶液对 γ 射线非常敏感,当 DMHA 浓度为 0.1~0.5 M,剂量为 500 kGy 时,DMHA 已完全辐解,因此,单纯 DMHA 不适合用作乏燃料后处理的还原反萃剂.

7. 提出了 DMHA 水溶液辐解产生气态和液态产物的机理,该机理较好地解释了实验结果.

第四章 硝酸对 DEHA 辐解的影响

4.1 引言

由于 U、Pu 和 Np 在不同浓度硝酸溶液中的价态不同,因此通过改变硝酸浓度可以很好地控制 U、Pu 和 Np 的价态,从而实现 U、Pu 和 Np 的分离. 本章就是模拟 PUREX 流程,研究不同浓度硝酸对 DEHA 辐解的影响,从而为其应用于 PUREX 流程提供参考依据.

4.2 实验部分

4.2.1 实验仪器

[60]Co 源装置:中科院上海应用物理研究所;GC900A 气相色谱仪、5Å 分子筛不锈钢填充柱(ϕ 3 mm×2 m):上海科创色谱有限公司;三氧化二铝石英玻璃毛细柱(ϕ 0.53 mm×50 m),FFAP 石英玻璃毛细柱(ϕ 0.25 mm×25 m):中科院兰州化学物理研究所;722 型光栅分光光度计:上海精密科学仪器有限公司.

4.2.2 样品及标准气体

DEHA:中国原子能科学研究院,气相色谱分析纯度为 98.6%. 标准混合气体:上海计量物理研究所,标准混合气体组成同前.

4.2.3 样品的准备及辐照

首先,用去离子水配制 0.5 M 硝酸溶液. 然后,称取一定量

DEHA 于一小烧杯中,将烧杯放入冰水浴中,一边搅拌一边慢慢滴加
一定量 0.5 M 硝酸溶液,使 DEHA 先质子化. 接着,再滴加稍稀释的
一定量浓硝酸. 最后,将溶液倒入容量瓶中定容,使溶液中的 DEHA
浓度为 0.2 M,而硝酸浓度分别为 0.5、1.0、2.0、3.0 M. 移取 2 mL
溶液于 7 mL 的青霉素小瓶中,盖上橡胶盖及铝盖,用封口机封口.
样品辐照是在 3.6×10^{15} Bq 的 ^{60}Co 源装置中进行的,剂量为 10、50、
100、500、1 000 kGy. 剂量测定是用硫酸亚铁剂量计、重铬酸银剂量
计和重铬酸钾(银)剂量计.

4.3 结果与讨论

4.3.1 硝酸对 DEHA 辐解产生的氢气体积分数的影响

2.1 节用 5 Å 分子筛填充柱与 TCD 联用的气相色谱法,定性定
量分析了 DEHA 水溶液辐解产生的氢气和一氧化碳. 本文采用相同
的方法和条件,研究含不同浓度硝酸的 0.2 M DEHA 辐解产生的氢
气和一氧化碳,结果表明氢气体积分数非常高,而一氧化碳体积分数
很小,这一点与 DEHA 水溶液辐解的结果相似. 图 4.1 为不同浓度
硝酸对 DEHA 辐解产生的氢气体积分数的影响.

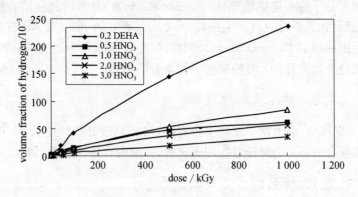

图 4.1 硝酸对 DEHA 辐解产生的氢气体积分数的影响

由图 4.1 可知,加入硝酸后,辐解产生的氢气的体积分数减少,硝酸浓度越大,氢气体积分数越低. 这是因为:有机物水溶液的辐射化学效应主要是溶剂辐解产生的活性粒子与溶质间的反应所引起[40]. 在 DEHA 水溶液中,溶剂水受到 γ 射线辐射时,发生反应产生 H·、·OH、e_{aq}^-、H_2、H_2O_2 和 H^+ 等活性粒子:

$$H_2O \longrightarrow\hspace{-1em}\rightsquigarrow \cdot H, \cdot OH, e_{aq}^{-1}, H_2, H_2O_2, H^+ \qquad (1)$$

其中,H· 与 DEHA 发生抽氢反应生成氢气:

$$CH_3CH_2N(C_2H_5)OH + H\cdot \longrightarrow CH_3\overset{\cdot}{C}HN(C_2H_5)OH + H_2 \quad (2)$$

而硝酸是强电解质,在水中完全电离:

$$HNO_3 \longrightarrow H^+ + NO_3^- \qquad (3)$$

当硝酸浓度较高时,NO_3^- 可进入刺迹清除 H·:

$$NO_3^- + H\cdot \longrightarrow NO_2 + OH^- \qquad (4)$$

$$H^+ + OH^- \longrightarrow H_2O \qquad (5)$$

这样,H· 浓度就会降低. 另一方面,当硝酸浓度较高时,硝酸能与 DEHA 反应:

$$3(CH_3CH_2)_2NOH + 2HNO_3 \longrightarrow$$

$$3CH_3CHO + 3CH_3CH_2NHOH + 2NO + H_2O \quad (6)$$

上述反应本来较慢,但当硝酸浓度较高时,硝酸根离子进入刺迹与 H· 反应(反应式 4)生成 NO_2,硝酸也会发生分解生成 NO_2:

$$4HNO_3 \rightleftharpoons 4NO_2 + 2H_2O + O_2 \qquad (7)$$

NO_2 对硝酸的氧化性具有催化作用,反应(6)被加快,DEHA 浓度就会降低. 根据反应式(2),H· 和 DEHA 浓度降低,DEHA 辐解产生的氢气的体积分数也就减少了.

4.3.2 硝酸对 DEHA 辐解产生的气态烃的影响

2.3 节用三氧化二铝毛细柱与 FID 联用的气相色谱法,定性定量分析了 DEHA 辐解产生的气态烃,本节用相同的方法,研究了含 0.5～3.0 M 硝酸的 0.2 M DEHA 水溶液辐照后的气体样品,结果表明:含硝酸的 DEHA 水溶液辐解产生的气态烃有甲烷、乙烷、乙烯、丙烷、丙烯、正丁烷、1-丁烯,没有顺-2-丁烯和反-2-丁烯;其中,甲烷、乙烷、乙烯、丙烷和正丁烷的体积分数较高,而丙烯和 1-丁烯的体积分数较低. 图 4.2～图 4.6 为不同浓度硝酸对 0.2 M DEHA 水溶液辐解产生的甲烷、乙烷、乙烯、丙烷和正丁烷体积分数的影响.

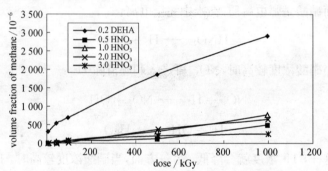

图 4.2 硝酸对 DEHA 辐解产生的甲烷体积分数的影响

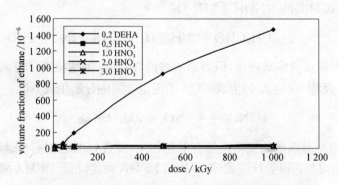

图 4.3 硝酸对 DEHA 辐解产生的乙烷体积分数的影响

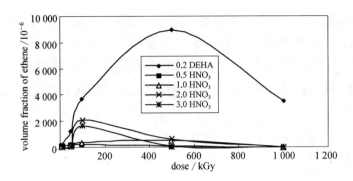

图 4.4　硝酸对 DEHA 辐解产生的乙烯体积分数的影响

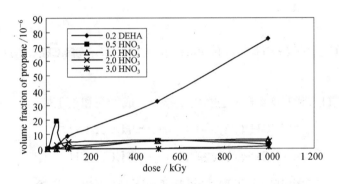

图 4.5　硝酸对 DEHA 辐解产生的丙烷体积分数的影响

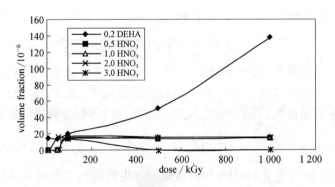

图 4.6　硝酸对 DEHA 辐解产生的正丁烷体积分数的影响

由图 4.2~图 4.6 可以看出,加入硝酸后,气态烃的体积分数大大减少. 这是因为:DEHA 水溶液辐解产生低碳烃主要是由于 DEHA 受激分子发生 C—N 和 C—C 键断裂反应[37]而形成:

$$(CH_3CH_2)_2NOH \rightsquigarrow C—N 断裂:\cdot CH_2CH_3;C—C 断裂:\cdot CH_3 \tag{8}$$

$CH_3 \cdot$ 和 $CH_3CH_2 \cdot$ 与 DEHA 发生抽氢反应(9)、(10)生成 CH_4 和 CH_3CH_3:

$$\cdot CH_3 + CH_3CH_2N(C_2H_5)OH \longrightarrow CH_4 + CH_3\overset{\cdot}{C}HN(C_2H_5)OH \tag{9}$$

$$\cdot CH_2CH_3 + CH_3CH_2N(C_2H_5)OH \longrightarrow CH_3CH_3 + CH_3\overset{\cdot}{C}HN(C_2H_5)OH \tag{10}$$

$CH_3 \cdot$ 和 $CH_3CH_2 \cdot$ 也能相互作用生成丙烷和正丁烷:

$$\cdot CH_2CH_3 + \cdot CH_3 \longrightarrow CH_3CH_2CH_3 \tag{11}$$

$$\cdot CH_2CH_3 + \cdot CH_2CH_3 \longrightarrow CH_3CH_2CH_2CH_3 \tag{12}$$

乙烷自由基与 DEHA 自由基通过下列反应生成乙烯:

$$\cdot CH_2CH_3 + CH_3\overset{\cdot}{C}HN(C_2H_5)OH \longrightarrow$$
$$CH_2 = CH_2 + CH_3CH_2N(C_2H_5)OH \tag{13}$$

由于硝酸和 DEHA 的反应(6),DEHA 浓度降低. 根据反应式(8),生成的甲基和乙基自由基的数目就会减少,那么,方程式(9)~(13)生成的甲烷、乙烷、丙烷、正丁烷和乙烯的体积分数就会减少.

4.3.3 硝酸对 DEHA 辐解产生的液态有机物的影响

2.7 节研究了 DEHA 水溶液辐解产生的液相有机物,结果表明:DEHA 水溶液辐照后的液体样品中有乙醛、乙醇、乙酸及残余的

DEHA，还可能有 DEHA 的降解产物 N－一乙基羟胺. 用相同的方法分析了含有硝酸的 0.2 M DEHA 水溶液辐照后的液体样品,结果表明：液相中的有机物与前者相同. 图 4.7 和图 4.8 为不同浓度硝酸对 DEHA 辐解产生的乙醛和乙酸浓度的影响.

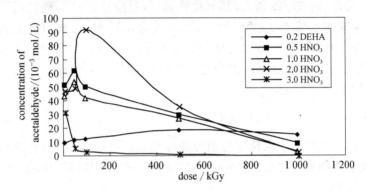

图 4.7　硝酸对 DEHA 辐解产生的乙醛浓度的影响

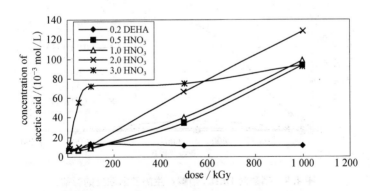

图 4.8　硝酸对 DEHA 辐解产生的乙酸浓度的影响

由图 4.7 和图 4.8 可以看出：加入硝酸后,乙醛和乙酸浓度都增加了(对乙醛来说,硝酸为 3.0 M 的除外). 这是因为硝酸与 DEHA 发生了氧化还原反应(6). 硝酸浓度越高,反应式(6)生成的乙醛浓度越大. 但当乙醛浓度更高时,生成的乙醛会被硝酸进一步氧化成乙酸：

$$3CH_3CHO + HNO_3 + H_2O \longrightarrow 3CH_3COOH + NO + 3H^+$$
$$(14)$$

另外,硝酸浓度越大,其氧化性越强,反应式(14)消耗的乙醛越多,生成的乙酸浓度越高,所以,当硝酸为 3 M 时,乙醛浓度大大减小,而乙酸浓度继续增大.但从图 4.8 看出：当剂量较高时,乙酸随剂量的变化缓慢,这是因为当乙酸浓度较高时,γ 射线能与其直接作用,发生脱羧基反应：

$$CH_3COOH \longrightarrow CH_4 + CO_2 \qquad (15)$$

由于乙酸的生成速度与消耗速度相近,因此,乙酸浓度随剂量的变化不明显.图 4.9 为不同浓度硝酸对 DEHA 辐解产生的乙醇浓度的影响.

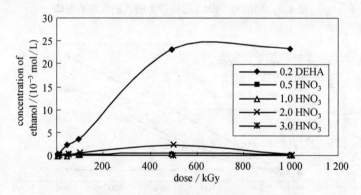

图 4.9　硝酸对 DEHA 辐解产生的乙醇浓度的影响

由图 4.9 可知,加入硝酸后,乙醇浓度大大降低.乙醇的产生主要是由于乙醛与 e_{aq}^- 反应：

$$e_{aq}^- + CH_3\overset{\displaystyle O}{\overset{\displaystyle \|}{C}}H \longrightarrow CH_3\underset{\displaystyle \cdot}{\overset{\displaystyle O^-}{\underset{\displaystyle |}{C}}}H \overset{H_2O}{\longrightarrow} CH_3\underset{\displaystyle \cdot}{\overset{\displaystyle OH}{\underset{\displaystyle |}{C}}}H \qquad (16)$$

H· 与乙醛的加成反应：

$$\cdot H + CH_3\overset{\overset{O}{\|}}{C}H \longrightarrow CH_3\overset{\overset{OH}{|}}{\underset{\cdot}{C}}-H \tag{17}$$

反应式(16)～(17)生成的羟乙基自由基与体系中的有机物发生抽氢反应：

$$CH_3\overset{\cdot}{C}HOH + (CH_3CH_2)_2NOH \longrightarrow CH_3CH_2OH + \overset{CH_3\overset{\cdot}{C}H}{\underset{CH_3CH_2}{\diagdown}}NOH \tag{18}$$

在酸性介质中，H^+ 能与 e_{aq}^- 反应：

$$H^+ + e_{aq}^- \longrightarrow H\cdot \tag{19}$$

这样，e_{aq}^- 浓度就会大大减少；另一方面，当硝酸浓度较高时，NO_3^- 可进入刺迹清除 H· (4)，因此，反应式(16)～(17)生成的羟乙基自由基的浓度就会减少，反应式(18)生成的乙醇的浓度也就减少了；另外，硝酸能将羟乙基自由基氧化成乙醛，因此，硝酸的加入使得乙醇浓度大大减小. 图 4.10 为不同浓度硝酸对 DEHA 本身浓度的影响.

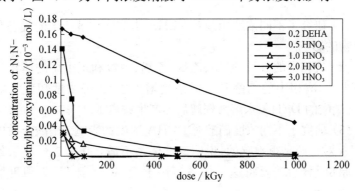

图 4.10　硝酸对 DEHA 本身浓度的影响

由图 4.10 可知,当溶液中含有硝酸时,DEHA 浓度随剂量的增大迅速降低,也即硝酸的加入大大加速了 DEHA 的辐解,这和以上的分析结果是一致的,说明硝酸介质中 DEHA 对辐射是非常敏感的.

4.3.4 硝酸对 DEHA 辐解产生的铵离子的影响

2.6 节用化学法和纳氏试剂分光光度法定性定量分析了 DEHA 水溶液辐解产生的铵离子. 用相同的方法分析含有不同硝酸浓度的 0.2 M DEHA 水溶液辐照后的液体样品. 结果表明,样品中没有铵离子. 这是因为:铵离子是由 DEHA 降解产生的羟胺与水合电子反应生成:

$$NH_2OH + 3H^+ + 2e_{aq}^- \longrightarrow NH_4^+ + H_2O \tag{20}$$

$$NH_2OH + 2H_2O + 2e_{aq}^- \longrightarrow NH_3 \cdot H_2O + 2OH^- \tag{21}$$

而硝酸具有氧化性,它会与羟胺发生氧化还原反应[17]:

$$4NH_2OH + 2HNO_3 \longrightarrow 3N_2O + 7H_2O \tag{22}$$

因此,含硝酸的 DEHA 水溶液辐照后没有铵离子生成.

4.4 小结

(1) 研究了不同浓度硝酸对 DEHA 水溶液辐解产生的气态和液态产物的影响.

(2) 气相中的氢气、甲烷、乙烷、乙烯、丙烷和正丁烷的体积分数都减少了;液相中的乙醛和乙酸浓度增大了,乙醇浓度却大大减少了;含硝酸的 DEHA 水溶液辐解后不产生铵离子.

(3) 研究了不同浓度硝酸对 DEHA 浓度的影响. 硝酸介质中的 DEHA 对辐照是很敏感的,说明这一体系不适合作为乏燃料后处理的还原反萃剂,若要将这一体系运用于 PUREX 流程,必须再加入 DEHA 的稳定剂.

第五章 硝酸对 DMHA 辐解的影响

5.1 引言

3.1节用5Å分子筛色谱柱与TCD联用的气相色谱法,分别以氩气和氢气为载气,研究了DMHA水溶液辐解产生的氢气和一氧化碳;第二节用三氧化二铝毛细柱与FID联用的气相色谱法,研究了DMHA水溶液辐解产生的气态烃;第四节用PEG-20M毛细柱和GDX-401填充柱与FID联用的气相色谱法,研究了DMHA水溶液辐解产生的液相有机物;第五节用化学法和纳氏试剂分光光度法,研究了DMHA水溶液辐解产生的铵离子. 本章用相同的方法和类似条件,研究了不同浓度硝酸对0.2 M DMHA辐解产生的气态和液态产物的影响.

5.2 实验部分

5.2.1 实验仪器及主要配件

^{60}Co源装置:中科院上海应用物理研究所;GC900A气相色谱仪、5Å分子筛不锈钢填充柱(ϕ 3 mm×2 m):上海科创色谱有限公司;三氧化二铝石英玻璃毛细柱(ϕ 0.53 mm×50 m):中科院兰州化学物理研究所;PEG-20M石英玻璃毛细柱(ϕ 0.32 mm×25 m):美国HEWLETT-PACKARD公司;GDX-401填充柱(ϕ 3 mm×2 m):天津试剂二厂.

5.2.2　样品及标准混合气体

DMHA：中国原子能研究院，气相色谱分析纯度为99.1%．标准混合气体：上海计量物理研究所，标准混合气体的组成同前．

5.2.3　样品的准备及辐照

首先，用去离子水配制 0.5 M 硝酸溶液．然后，称取一定量的 DMHA 于一小烧杯中，将烧杯放入冰水浴中，一边搅拌一边慢慢滴加一定量的 0.5 M 硝酸溶液，使 DMHA 先质子化．接着，再滴加稀稀释的一定量的浓硝酸．最后，将溶液倒入容量瓶中定容，使溶液中的 DMHA 浓度为 0.2 M，硝酸浓度分别为 0.5、1.0、2.0、3.0 M．移取 2 mL 溶液于 7 mL 的青霉素小瓶中，盖上橡胶盖及铝盖，用封口机封口．样品辐照是在 3.6×10^{15} Bq 的 ^{60}Co 源装置中进行的，剂量为 10、50、100、500、1 000 kGy．剂量测定是用硫酸亚铁剂量计、重铬酸银剂量计和重铬酸钾（银）剂量计．

5.3　结果与讨论

按实验部分的方法配制含 3.0 M 硝酸的 0.2 M DMHA 水溶液，配好的溶液静置不久就有无色气泡产生，说明硝酸与 DMHA 已经发生了反应，因此，本章只研究 0.5、1.0、2.0 M 硝酸对 0.2 M DMHA 水溶液辐解产生的气态和液态产物的影响．

5.3.1　硝酸对 DMHA 辐解产生的氢气体积分数的影响

图 5.1 为不同浓度硝酸对 0.2 M DMHA 辐解产生的氢气体积分数的影响．

由图 5.1 可知，加入硝酸后，DMHA 辐解产生的氢气体积分数减少，且硝酸浓度越大，氢气的体积分数越低．这是因为：有机物稀水溶液的辐射化学效应主要是溶剂辐解产生的活性粒子与溶质间的反

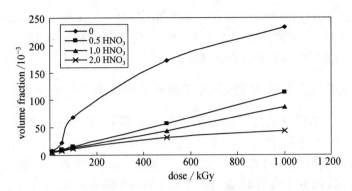

图 5.1   DMHA 辐解产生的氢气体积分数与硝酸浓度的关系

应所引起[40]. 在 DMHA 水溶液中,溶剂水受到 γ 辐射时,发生反应产生 H·、·OH、e_{aq}^-、H_2、H_2O_2 和 H^+ 等活性粒子:

$$H_2O \longrightarrow \cdot H, \ \cdot OH, \ e_{aq}^{-1}, \ H_2, \ H_2O_2, \ H^+ \tag{1}$$

其中,H· 与 DMHA 发生抽氢反应生成氢气:

$$\cdot H + CH_3N(CH_3)OH \longrightarrow H_2 + \overset{\cdot}{C}H_2N(CH_3)OH \tag{2}$$

而硝酸是强电解质,在水中完全电离:

$$HNO_3 \longrightarrow H^+ + NO_3^- \tag{3}$$

当硝酸浓度较高时,NO_3^- 离子可进入刺迹清除 H·:

$$NO_3^- + H\cdot \longrightarrow NO_2 + OH^- \tag{4}$$

这样,H· 浓度就会降低;另一方面,硝酸能与 DMHA 反应:

$$3(CH_3)_2NOH + 2HNO_3 \longrightarrow 3HCHO + 3CH_3NHOH + 2NO + H_2O \tag{5}$$

上述反应本来比较慢,但当硝酸浓度较高时,硝酸根离子进入刺迹与 H· 反应(反应式 4)生成 NO_2;硝酸也会分解生成 NO_2:

$$4HNO_3 \Longleftrightarrow 4NO_2 + 2H_2O + O_2 \tag{6}$$

NO$_2$ 对硝酸的氧化性具有催化作用,反应(5)被加快,DMHA 浓度就会降低. 根据反应式(2),H· 和 DMHA 浓度降低,DMHA 辐解产生的氢气的体积分数也就减少了.

5.3.2 硝酸对 DMHA 辐解产生的气态烃体积分数的影响

3.2 节用三氧化二铝毛细柱与 FID 联用的气相色谱法,研究了 DMHA 水溶液辐解产生的气态烃,结果表明,DMHA 水溶液辐解产生的气态烃有甲烷、乙烷、乙烯、丙烷、丙烯和正丁烷. 用相同方法,研究了含有硝酸的 0.2 M DMHA 辐解产生的气态烃. 结果表明:含有硝酸的 DMHA 辐解产生的气态烃有甲烷、乙烷、乙烯和丙烷,没有丙烯和正丁烷. 与 DMHA 水溶液一样,乙烯和丙烷只有在较高剂量时才产生,且体积分数很低. 图 5.2 和图 5.3 分别为 DMHA 辐解产生的甲烷和乙烷的体积分数与硝酸浓度的关系.

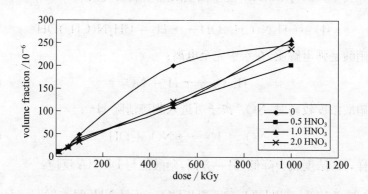

图 5.2 DMHA 辐解产生的甲烷体积分数与硝酸浓度的关系

由图 5.2 和图 5.3 可以看出,加入硝酸后,当剂量较低或较高时,甲烷和乙烷的体积分数变化不大,而在中等剂量时,甲烷和乙烷的体积分数减少得较多. 这是因为:DMHA 水溶液辐解产生低碳烃主要是由于 DMHA 受激分子发生 C—N 键断裂反应[37]而形成:

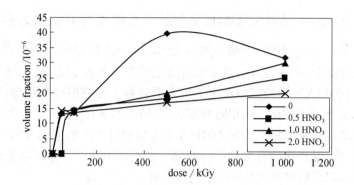

图 5.3　DMHA 辐解产生的乙烷体积分数与硝酸浓度的关系

$$(CH_3)_2NOH \xrightarrow{\quad\quad} \cdot CH_3 + CH_3\dot{N}OH \qquad (7)$$

甲基自由基与 DMHA 发生抽氢反应生成甲烷：

$$\cdot CH_3 + (CH_3)_2NOH \longrightarrow CH_4 + CH_3\dot{N}OH \qquad (8)$$

甲基自由基也能相互作用生成乙烷：

$$\cdot CH_3 + \cdot CH_3 \longrightarrow CH_3CH_3 \qquad (9)$$

由于硝酸与 DMHA 反应(5)，DMHA 浓度降低. 根据反应式 (7)，甲基自由基的数目就会减少，那么，方程式(8)～(9)生成的甲烷和乙烷的体积分数就会减少. 所以，当剂量较高时，硝酸的加入使 DMHA 辐解产生的甲烷和乙烷的体积分数减少. 而当剂量很高时，反应式(5)生成的 N——甲基羟胺受到 γ 射线的作用也会生成甲基自由基：

$$CH_3NHOH \xrightarrow{\quad\quad} \cdot CH_3 + \cdot NHOH \qquad (10)$$

这样，甲基自由基的浓度就会增大，根据反应式(8)、(9)，甲烷和乙烷的体积分数就会增大，因此，当剂量很高时，甲烷和乙烷的体积分数变化得较小些.

5.3.3 硝酸对 DMHA 辐解产生的液态有机物的影响

3.4 节用 PEG-20M 毛细柱和 GDX-401 填充柱与 FID 联用的气相色谱法,研究了 DMHA 水溶液辐解产生的液相有机物,结果表明:DMHA 水溶液辐解产生的液态有机物主要有甲醛和甲醇,甲醛浓度远远高于甲醇. 用相同的方法,在相同的条件下,研究了含 0.5、1.0、2.0 M 硝酸的 0.2 M DMHA 水溶液辐解产生的液态有机物,结果表明:液相中的有机物组分与前者相同. 图 5.4 为不同浓度硝酸对 DMHA 辐解产生的甲醛浓度的影响:

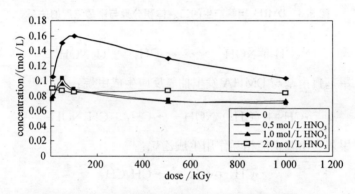

图 5.4　DMHA 辐解产生的甲醛浓度与硝酸浓度的关系

由图 5.4 可以看出,硝酸加入后,DMHA 辐解产生的甲醛浓度减少,其中,含 0.5 和 1.0 M 硝酸的 DMHA 溶液辐解产生的甲醛浓度与剂量的关系与不含硝酸的类似,而含 2.0 M 硝酸的 DMHA 溶液辐解产生的甲醛浓度几乎不随剂量变化.

前面已经说过,硝酸与 DMHA 能发生氧化还原反应生成甲醛(反应式 5),而甲醛能与硝酸继续反应生成甲酸:

$$3HCHO + HNO_3 + H_2O \longrightarrow 3HCOOH + NO + 3H^+ \quad (11)$$

硝酸分解(反应式 6)及硝酸根与 H· 反应生成的 NO_2(反应式 4)对硝酸的氧化性具有催化作用,这样,反应(11)就被加速. 而甲酸能与水辐解产生 H· 和 ·OH 反应：

$$HCOOH + H· \longrightarrow ·COOH + H_2 \qquad (12)$$

$$HCOOH + ·OH \longrightarrow ·COOH + H_2O \qquad (13)$$

$$·COOH + O_2 \longrightarrow CO_2 + HOO· \qquad (14)$$

当甲酸浓度较高时，γ 射线能与其直接作用，发生脱羧基反应：

$$HCOOH \longrightarrow\!\!\!\!\!\!\!\!\!\sim\!\!\!\!\!\!\sim\!\!\!\!\!\! \longrightarrow H_2 + CO_2 \qquad (15)$$

因此，硝酸的加入使得 DMHA 水溶液辐解产生的甲醛浓度减少．当硝酸浓度较高时，DMHA 可能在较短时间内被完全氧化为甲醛．一方面，生成的甲醛继续与硝酸反应，或者与 H· 和 ·OH 等反应而消耗掉；另一方面，反应式(5)生成的 N-—甲基羟胺也会与硝酸反应生成甲醛：

$$CH_3NHOH + HNO_3 + H^+ \longrightarrow HCHO + NH_2OH + NO + H_2O \qquad (16)$$

N-—甲基羟胺能与 HO$_2$· 发生下列反应生成甲醛和羟胺：

$$CH_3NHOH + 2HOO· \longrightarrow 2HOOH + CH_2 \overset{\overset{\displaystyle O}{\uparrow}}{=} NH \qquad (17)$$

$$CH_2 \overset{\overset{\displaystyle O}{\uparrow}}{=} NH + H_2O \longrightarrow HCHO + NH_2OH \qquad (18)$$

N-—甲基羟胺也会与 H· 和 ·OH 反应，最终也生成甲醛和羟胺：

$$·H + CH_3NHOH \longrightarrow H_2 + ·CH_2NHOH \qquad (19)$$

$$·OH + CH_3NHOH \longrightarrow H_2O + ·CH_2NHOH \qquad (20)$$

生成的 N-—甲基羟胺自由基与 HO$_2$· 反应生成甲醛和羟胺．

$$2 \cdot CH_2NHOH + 2HOO\cdot \longrightarrow 2HCHO + 2NH_2OH + HOOH \tag{21}$$

因此,当硝酸浓度较高时,甲醛浓度随剂量的变化不明显.

图 5.5 为 DMHA 辐解产生的甲醇浓度与硝酸浓度的关系,由图 5.5 可知,甲醇浓度很低,其随剂量和硝酸浓度的变化都不明显,这是因为甲醇是由甲醛与 e_{aq}^- 及 H· 反应生成的羟甲基自由基与 DMHA 发生抽氢反应而形成. 甲醛与水合电子反应:

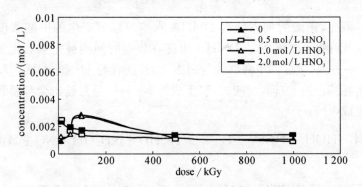

图 5.5　DMHA 辐解产生的甲醇浓度与硝酸浓度的关系

$$H-\overset{\overset{\displaystyle O}{\|}}{C}-H + e_{aq}^- \longrightarrow H-\overset{\overset{\displaystyle O^-}{|}}{\underset{\displaystyle \cdot}{C}}-H \tag{22}$$

$$H-\overset{\overset{\displaystyle O^-}{|}}{\underset{\displaystyle \cdot}{C}}-H + H_2O \longrightarrow \cdot CH_2OH + OH^- \tag{23}$$

另外,甲醛中的醛基是一个不饱和键,氧原子上的电子密度高,碳原子上的电子密度低,H· 能与其发生加成反应:

$$H-\overset{\overset{\displaystyle O}{\|}}{C}-H + H\cdot \longrightarrow \cdot CH_2OH \tag{24}$$

羟甲基通过下述反应生成甲醇：

$$CH_3\dot{C}HOH + (CH_3CH_2)_2NOH \longrightarrow CH_3CH_2OH + \begin{array}{c} CH_3\dot{C}H \\ \diagdown \\ NOH \\ \diagup \\ CH_3CH_2 \end{array}$$

$$(25)$$

在酸性介质中，H^+ 能与 e_{aq}^- 反应：

$$H^+ + e_{aq}^- \longrightarrow H\cdot \qquad (26)$$

这样，e_{aq}^- 浓度就会大大减少；另一方面，当硝酸浓度较高时，NO_3^- 可进入刺迹清除 $H\cdot$（4），$H\cdot$ 浓度就会减少，因此反应式（23）、（24）生成的羟甲基自由基的浓度就会减少，反应式（25）生成的甲醇浓度也就减少了；另外，硝酸能将羟甲基自由基氧化成甲醛，因此，硝酸的加入使得甲醇浓度大大减小. 由图 5.4 可以看出，甲醛浓度随剂量及硝酸浓度变化不大，因此，甲醇浓度随剂量及硝酸浓度的变化也不明显.

图 5.6 为不同浓度硝酸下，辐照后溶液中 DMHA 浓度与剂量的关系. 由图 5.6 可知，加入硝酸后，DMHA 浓度随剂量的增大快速下降，当剂量为 100 kGy 时，其浓度已降为零，说明硝酸介质中 DMHA 对辐射是非常敏感的.

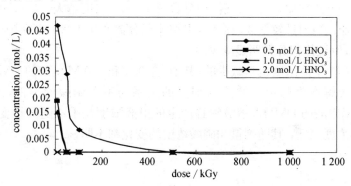

图 5.6　不同浓度硝酸下，辐照后溶液中 DMHA 浓度与剂量的关系

5.3.4 不同浓度硝酸对 DMHA 辐解产生的铵离子的影响

3.5 节用化学法和纳氏试剂分光光度法分析了 DMHA 水溶液辐解产生的铵离子,结果表明,辐照后的溶液中存在铵离子. 用相同的方法,在相同条件下,分析含不同浓度硝酸的 DMHA 辐照后的液体样品,却没有检测到铵离子. 这是因为铵离子是由 DMHA 降解产生的羟胺与水合电子反应生成:

$$NH_2OH + 3H^+ + 2e_{aq}^- \longrightarrow NH_4^+ + H_2O \qquad (27)$$

$$NH_2OH + 2H_2O + 2e_{aq}^- \longrightarrow NH_3 \cdot H_2O + 2OH^- \qquad (28)$$

而硝酸具有氧化性,它与羟胺发生氧化还原反应[17]:

$$4NH_2OH + 2HNO_3 \longrightarrow 3N_2O + 7H_2O \qquad (29)$$

因此,加入硝酸的 DMHA 水溶液辐照后的样品中没有铵离子.

5.4 小结

(1) 含硝酸的 DMHA 水溶液辐解产生的气态产物主要有氢气和甲烷,液相产物主要有甲醛,没有铵离子.

(2) 硝酸加入后,氢气体积分数减少,硝酸浓度越大,氢气体积分数越小. 当剂量较低或较高时,甲烷体积分数变化不大;而在中等剂量时,甲烷体积分数明显减少.

(3) 甲醛浓度也是减少的,其中,含 0.5 和 1.0 M 硝酸的 DMHA 溶液辐解产生的甲醛浓度与剂量的关系与不含硝酸的类似,而含 2.0 M 硝酸的 DMHA 溶液辐解产生的甲醛浓度几乎不随剂量变化. 甲醇浓度很低,其随剂量和硝酸浓度的变化都不明显.

第六章 DEHA 与钒反应产物的研究

6.1 引言

2.7 节和 3.6 节的研究表明：DMHA 耐辐射性较差，DEHA 耐辐射性较好. 文献[20,31,59]报道：DEHA 能快速地将 Pu(Ⅳ)和 Np(Ⅵ)还原为 Pu(Ⅲ)和 Np(Ⅴ)，且在酸性条件下能稳定较长时间. 由于锕系元素性质上的特殊性和实验条件的局限性，检测锕系元素与其他物质反应的产物，还有一定的难度. 本文选择与 Pu(Ⅳ)和 Np(Ⅵ)结构和性质较为相似的钒(Ⅴ)(V)，研究其与 DEHA 氧化还原反应的产物及其反应条件对产物的影响，从而为进一步研究 DEHA 与 Pu(Ⅳ)和 Np(Ⅵ)的反应产物打下基础.

6.2 实验部分

6.2.1 实验仪器

Agilent 8453 紫外-可见分光光度计：美国 Agilent 公司；722 型光栅分光光度计：上海精密科学仪器有限公司；GC900A 气相色谱仪：上海科创色谱有限公司；FFAP 石英玻璃毛细柱(ϕ 0.25 mm×25 m)：中科院兰州化学物理研究所.

6.2.2 样品及其纯度分析

DEHA：中国原子能科学研究院提供，气相色谱分析纯度为 99.2%.

6.2.3　溶液配制及反应

6.2.3.1　溶液配制

在 25 mL 容量瓶 1 中加入 1.17 g 本白色 NH_4VO_3 粉末,然后加入 4.74 g 66.5% HNO_3 溶液,慢慢摇动容量瓶,溶液变成橙红色,但 NH_4VO_3 没有完全溶解,定容并摇匀;在 25 mL 容量瓶 2 中加入一定量的 DEHA,定容并摇匀.

6.2.3.2　反应

将容量瓶 2 中的溶液倒入一烧杯中,然后,一边搅拌烧杯中的溶液,一边将容量瓶 1 中的溶液慢慢滴加入烧杯中,溶液马上从橙红色变成蓝绿色,说明溶液中已经发生了化学反应.

6.3　结果与讨论

6.3.1　DEHA 与 V(V)氧化还原反应产物的定性研究

NH_4VO_3 溶解于硝酸,溶液变成橙红色,这是因为[74]:

$$VO_3^- + 2H^+ \rightleftharpoons VO_2^+ + H_2O \tag{1}$$

用紫外-可见分光光度计分别分析标准 $VOSO_4$ 水溶液、未反应的 NH_4VO_3 的 HNO_3 溶液及反应后溶液,结果如图 6.1 和图 6.2 所示.

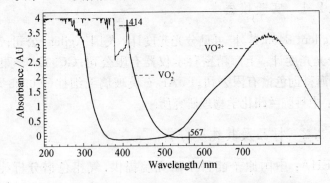

图 6.1　标准 VO_2^+ 和 VO^{2+} 的紫外可见吸收谱图

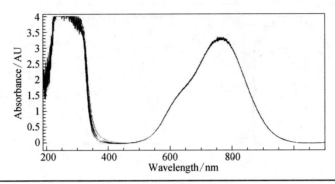

Sample/Result Table

#	Name	Abs<765 nm>	#	Name	Abs<765 nm>
1	Sample	3.233 70	5	Sample-60″	3.279
2	Sample	3.268 50	6	Sample-5′	3.237
3	Sample-30″	3.225 20	7	Sample-5′	3.282
4	Sample-60″	3.247 90			

图 6.2　NH₄VO₃ 的硝酸溶液与 DEHA 反应后溶液的紫外可见吸收谱图

　　由图 6.1 可知，VO_2^+ 在 414 nm 有一尖的吸收峰，VO^{2+} 在 750 nm 有一宽大的吸收峰；由图 6.2 可以看出，NH_4VO_3 的硝酸溶液与 DEHA 溶液混合后，VO_2^+ 在 414 nm 的尖峰消失，而在 750 nm 处出现了一宽大的吸收峰，说明 NH_4VO_3 确实与 DEHA 反应生成了 VO^{2+}. 另外，图 6.2 为 NH_4VO_3 的硝酸溶液与 DEHA 溶液反应 0~13 min 之间每隔 0.5 min、1 min、1 min、5 min、5 min 测一次得到 6 张谱图叠加在一起的结果，谱图基本不变，说明在 0~13 min 之间，反应溶液基本没有发生变化，这也表明：NH_4VO_3 与 DEHA 的氧化还原反应很快就完成了，因此，我们选择反应时间为 10 min.

　　用气相色谱法分析 NH_4VO_3 的硝酸溶液与 DEHA 混合后的溶液，得到的色谱图如图 6.3 所示.

　　图 6.4 和图 6.5 分别为 0.1 M 乙醛和 0.05 M DEHA 水溶液的气相色谱图，比较三图可知：NH_4VO_3 的硝酸溶液与 DEHA 反应，主要生成了乙醛，溶液中还有很少尚未反应的 DEHA.

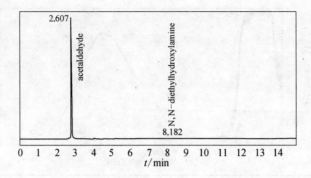

图 6.3　NH₄VO₃ 的硝酸溶液与 DEHA 混合后溶液的气相色谱图

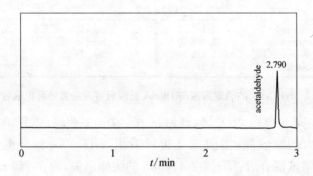

图 6.4　0.1 M 乙醛水溶液的气相色谱图

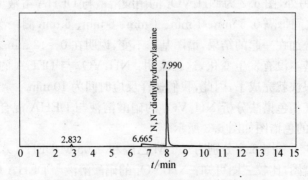

图 6.5　0.05 M DEHA 水溶液的气相色谱图

6.3.2 DEHA 与 V(Ⅴ)反应产物浓度与反应物浓度及温度的关系

6.3.2.1 硝酸不存在时,DEHA 与 V(Ⅴ)的反应

VO_2^+ 为 0.1 M,反应温度为 20℃,DEHA 为 0.05、0.1、0.2、0.3 M. NH_4VO_3 和 DEHA 水溶液混合后,溶液变成土黄色,大量 NH_4VO_3 不能溶解. 图 6.6 和图 6.7 分别为 NH_4VO_3 和 DEHA 混合后的溶液的紫外可见吸收谱图和气相色谱图.

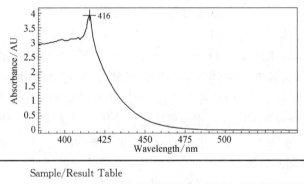

Sample/Result Table

#	Name	Peaks/nm	Abs/AU
1	Sample	416.0	3.907 00

图 6.6 NH_4VO_3 和 DEHA 混合后溶液的紫外可见吸收谱图

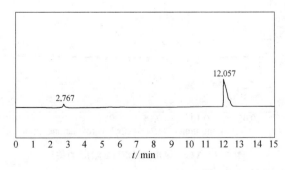

图 6.7 NH_4VO_3 和 DEHA 混合后溶液的气相色谱图

图 6.6 中只有 5 价钒的吸收峰,没有 4 价钒的吸收峰,说明 NH_4VO_3 和 DEHA 没有发生反应;图 6.7 中 DEHA 的峰还是很大,乙醛的峰很小(DEHA 被空气中的氧气氧化而形成的杂质峰),这进一步证明了 NH_4VO_3 和 DEHA 没有发生反应.

另外,VO_2^+ 和 DEHA 浓度为 0.1 M,温度分别为 30℃、40℃ 和 50℃. NH_4VO_3 和 DEHA 混合,得到的实验结果与上面的类似,说明在硝酸不存在的情况下,NH_4VO_3 和 DEHA 不能发生反应. 这可能是由于没有酸,NH_4VO_3 不容易溶解的缘故.

6.3.2.2　DEHA 浓度对反应产物的影响

VO_2^+ 浓度为 0.2 M,HNO_3 浓度为 1.0 M,反应温度为 20℃,DEHA 浓度分别为 0.05、0.1、0.2 和 0.3 M. HNO_3 溶液加入到 NH_4VO_3,溶液变成橙红色;将 VO_2^+ 的硝酸溶液慢慢滴加入 DEHA 溶液中,溶液马上从橙红色变成蓝绿色,说明溶液中已经发生了化学反应. 用分光光度法和气相色谱法定量分析不同条件下,NH_4VO_3 的硝酸溶液与 DEHA 反应生成的 VO^{2+} 和乙醛的浓度. 得到的结果如图 6.8 和图 6.9 所示.

由图 6.8 可以看出,VO^{2+} 浓度与 DEHA 无关,并且近似于反应物 NH_4VO_3 的浓度,说明 DEHA 浓度已远远大于与 0.2 M NH_4VO_3

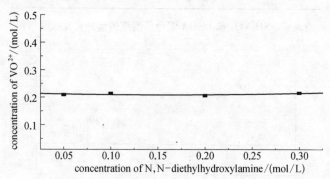

图 6.8　VO^{2+} 浓度与 DEHA 浓度的关系

VO_2^+:0.2 M,HNO_3:1.0 M,$T=20℃$

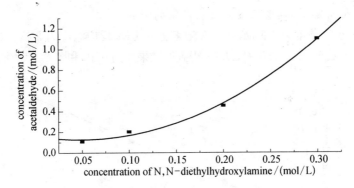

图 6.9　乙醛浓度与 DEHA 的关系

VO_2^+：0.2 M，HNO_3：1.0 M，$T=20℃$

反应所需要的浓度. 另外，反应物 NH_4VO_3 与产物 VO^{2+} 的比例约为 1∶1. 由以上分析可以推测反应方程式为：

$$6VO_2^+ + (CH_3CH_2)_2NOH + H^+ \rightleftharpoons$$

$$6VO^{2+} + 2CH_3CHO + NO_3^- + 2H_2O \quad (2)$$

(1)×6+(2)则得到：

$$6VO_3^- + (CH_3CH_2)_2NOH + 13H^+ \rightleftharpoons$$

$$6VO^{2+} + 2CH_3CHO + NO_3^- + 8H_2O \quad (3)$$

前面提到：体系中 DEHA 是过量的，但反应后溶液的气相色谱图中的 DEHA 峰却非常小. 另外，从图 6.9 可以看出，乙醛浓度随着 DEHA 浓度的增大而增大，这可能是由于汽化室的温度较高 (120℃)，硝酸在高温下氧化性增大，而将部分 DEHA 氧化为乙醛的缘故. 曾经用 1 M NaOH 滴定 NH_4VO_3 的硝酸溶液与 DEHA 反应后的溶液，但随着 NaOH 的加入，溶液颜色渐渐由 VO^{2+} 的蓝绿色变成 5 价钒的黄色，并且有黄色沉淀产生，沉淀物的量随着 NaOH 的增加而明显增加，最终，几乎与反应物 NH_4VO_3 起始时的量相近，说明 NaOH 的增加使反应逆向进行. 这和方程式(3)是一致的.

6.3.2.3 硝酸浓度对反应产物的影响

VO_2^+ 浓度为 0.1 M,DEHA 浓度为 0.1 M,反应温度为 20℃,HNO_3 浓度为 0.5、1.0、2.0 和 3.0 M,得到的结果如图 6.10 和图 6.11 所示.

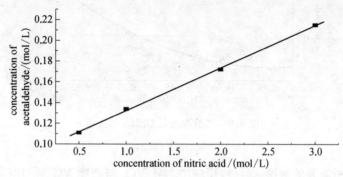

图 6.10 乙醛浓度与硝酸浓度的关系

VO_2^+:0.1 M,DEHA:0.1 M,$T=20$℃

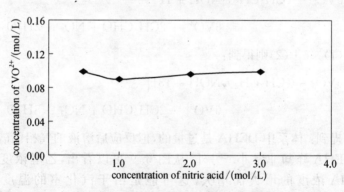

图 6.11 VO^{2+} 浓度与硝酸浓度的关系

VO_2^+:0.1 M,DEHA:0.1 M,$T=20$℃

由图 6.10 和图 6.11 可知,乙醛浓度随硝酸浓度的增加而直线上升,VO^{2+} 浓度与硝酸浓度的关系不明显. 后者说明硝酸浓度是过量的. 从方程式(3)可以看出:与 0.1 M NH_4VO_3 反应所需的硝酸浓度为 0.22 M,而该体系的硝酸浓度为 0.5~3.0 M,大大高于反应所需

的浓度. 乙醛浓度随着硝酸浓度的增加而直线上升,可能是前面所述
的分析方法造成的.

6.3.2.4 温度对反应产物的影响

VO_2^+ 为 0.1 M, DEHA 为 0.1 M, HNO_3 浓度为 1.0 M, 反应温
度为 20℃、30℃、40℃和 50℃. 得到的反应产物浓度和温度的关系
如图 6.12 和图 6.13 所示.

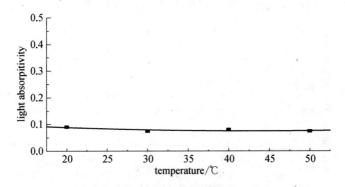

图 6.12　VO^{2+}浓度与温度的关系

VO_2^+: 0.1 M, DEHA: 0.1 M, HNO_3: 1.0 M

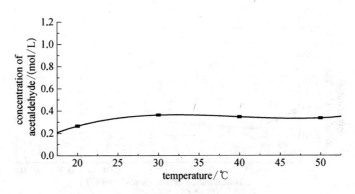

图 6.13　乙醛浓度与反应温度的关系

VO_2^+: 0.1 M, DEHA: 0.1 M, HNO_3: 1.0 M

由图 6.12 和图 6.13 可知，VO^{2+} 浓度随温度的增加略有降低；乙醛浓度先随温度增加而增加，但当温度大于 30℃后，乙醛浓度随温度的变化不明显.

6.3.2.5 亚硝酸对反应产物的影响

VO_2^+ 浓度为 0.1 M，DEHA 浓度为 0.1 M，HNO_3 浓度 1.0 M，反应温度为 20℃，HNO_2 浓度为 0.001、0.005、0.01 和 0.05 M 时，得到的反应产物与亚硝酸浓度的关系如图 6.14 和图 6.15 所示.

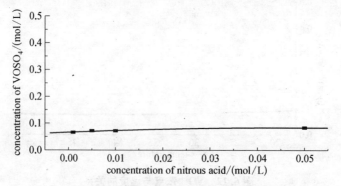

图 6.14　VO^{2+} 浓度与亚硝酸浓度的关系

VO_2^+：0.1 M，DEHA：0.1 M，HNO_3：1.0 M，$T=20℃$

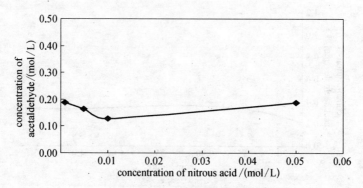

图 6.15　乙醛浓度与亚硝酸浓度的关系

VO_2^+：0.1 M，DEHA：0.1 M，HNO_3：1.0 M，$T=20℃$

由图 6.14 可知, VO^{2+} 浓度随着亚硝酸浓度的增大略有增大;由图 6.15 可知:乙醛浓度先随亚硝酸浓度增加而有所减少,这可能是因为:

$$HNO_3 + HNO_2 === 2NO_2 + H_2O \qquad (4)$$

由图 6.10 可知,当钒和 DEHA 浓度一定时,乙醛浓度随硝酸浓度的增加而增加,亚硝酸的加入使得硝酸浓度减少,所以,乙醛浓度也减少. 由图 6.15 也能看出,当亚硝酸浓度增加到一定值时,乙醛浓度又随亚硝酸浓度的增加而增加,这是因为:当亚硝酸浓度增加到一定值时,方程式(4)生成 NO_2 浓度已较高,而 NO_2 对硝酸的氧化性具有催化作用,从而使 DEHA 被氧化为乙醛(如方程式 5),因此生成的乙醛浓度也增大.

$$(CH_3CH_2)_2NOH + HNO_3 + H^+ ===$$

$$CH_3CH_2NHOH + CH_3CHO + NO + H_2O \qquad (5)$$

6.3.2.6　亚硝酸存在的情况下,温度对反应产物的影响

VO_2^+ 浓度为 0.1 M,DEHA 浓度为 0.1 M,HNO_3 浓度为 1.0 M,HNO_2 浓度为 0.005 M,反应温度分别为 20℃、30℃、40℃ 和 50℃时,反应产物浓度与反应温度的关系如图 6.16 和图 6.17 所示.

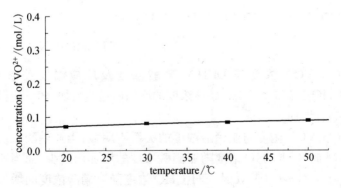

图 16　反应产生的 VO^{2+} 浓度与温度的关系

VO_2^+：0.1 M, DEHA：0.1 M, HNO_3：1.0 M, HNO_2：0.005 M

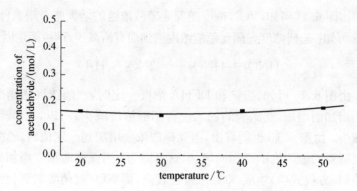

图 17 反应产生的乙醛浓度与温度的关系

VO_2^+：0.1 M，DEHA：0.1 M，HNO_3：1.0 M，HNO_2：0.005 M

由图 6.16 和图 6.17 可知，随着反应温度的增加，VO^{2+} 和乙醛的浓度都略有增加.

6.4 小结

（1）硝酸不存在时，NH_4VO_3 和 DEHA 不发生反应.

（2）硝酸存在时，NH_4VO_3 和 DEHA 能发生反应，方程式为：

$$6VO_3^- + (CH_3CH_2)_2NOH + 13H^+ \rightleftharpoons$$

$$6VO^{2+} + 2CH_3CHO + NO_3^- + 8H_2O$$

（3）VO^{2+} 浓度与 DEHA、硝酸浓度及反应温度关系不大，CH_3CHO 浓度随 DEHA、硝酸浓度的增加而迅速增加，随反应温度的增加略有增加.

（4）VO^{2+} 浓度与亚硝酸浓度的关系不明显；当亚硝酸浓度小于 0.01 M 时，CH_3CHO 浓度随亚硝酸浓度的增加而减少，而当亚硝酸浓度为 0.01~0.05 M 时，CH_3CHO 浓度随亚硝酸浓度的增加略有上升；亚硝酸存在下，VO^{2+} 与 CH_3CHO 的浓度随温度的上升都略有增加.

第七章　DEHA 与硝酸和亚硝酸反应产物的研究

7.1　引言

在乏燃料后处理中,为了有效地分离 U、Pu 和 Np 并提纯 U 和 Pu,必须将它们控制在一定的价态. 在 PUREX 流程中,主要利用 U、Pu 和 Np 在不同浓度硝酸溶液中的价态不同,通过改变硝酸浓度来控制 U、Pu 和 Np 的价态[1]. 硝酸受到料液的辐射会分解为亚硝酸,硝酸参与的一些氧化还原反应也会产生亚硝酸[19, 20];另一方面,为了保证 Pu 在萃取过程中的高分配系数,通常用 $NaNO_2$ 使 Pu 处在高萃取的 Pu(Ⅳ),因此,在整个 PUREX 流程中,硝酸和亚硝酸总是存在的. 硝酸是氧化剂,亚硝酸既可作为氧化剂,也可作为还原剂. 本章主要研究 DEHA 与硝酸和亚硝酸氧化还原反应的产物,同时研究反应产物浓度与反应条件的关系,从而为其能否应用于 PUREX 流程提供参考依据.

7.2　实验部分

7.2.1　实验仪器

AGILENT 8453 紫外-可见分光光度计:美国 AGILENT 公司;GC900A 气相色谱仪:上海科创色谱有限公司;FFAP 石英玻璃毛细柱(ϕ 0.25 mm×25 m):中国科学院兰州化学物理研究所.

7.2.2　样品

DEHA:中国原子能科学研究院,气相色谱分析纯度为 99.2%.

7.2.3 溶液配制及反应

7.2.3.1 DEHA 硝酸溶液的配制

在 25 mL 容量瓶中,加入一定量 DEHA,然后,将容量瓶放在冰水浴中,边搅拌边滴加 0.5 M 硝酸,使 DEHA 质子化. 继续滴加一定量 66.5% 浓硝酸,使溶液中硝酸浓度达到一定值,定容、摇匀.

7.2.3.2 亚硝酸配制

在 25 mL 容量瓶中,加入一定量亚硝酸钠,然后,将容量瓶放在冰水浴中,滴加经稀释后的一定量的 66.5% 浓硝酸,定容、摇匀.

7.2.3.3 DEHA 硝酸溶液与亚硝酸溶液的混合

将盛有 DEHA 硝酸溶液的容量瓶放在冰水浴中,一边搅拌一边滴加亚硝酸溶液.

7.3 结果与讨论

7.3.1 DEHA 与硝酸氧化还原反应的研究

7.3.1.1 DEHA 与硝酸氧化还原反应方程式的研究

DEHA 浓度为 0.1 M,反应温度为 20℃,硝酸浓度分别为 0.5、1.0、2.0 和 3.0 M. 当硝酸浓度为 3.0 M 时,有无色气体产生,可以判定该气体是一氧化氮. 图 7.1 是 DEHA 与硝酸溶液混合后,溶液用 0.1 M NaOH 中和后的气相色谱图.

由图 7.1 可知,DEHA 与硝酸反应生成的有机物有乙醛,5.3 min 左右的峰可能是 N-乙基羟胺. 图 7.2 为亚硝酸的紫外可见吸收谱图;图 7.3 为 DEHA 与硝酸混合后溶液的紫外可见吸收谱图.

比较图 7.2 和图 7.3 可知,反应后溶液中基本没有亚硝酸. 综上所述,可以推测 DEHA 与硝酸的氧化还原反应的方程式为:

$$3(CH_3CH_2)_2NOH + 2HNO_3 \longrightarrow$$

$$3CH_3CHO + 3CH_3CH_2NHOH + 2NO + H_2O \quad (1)$$

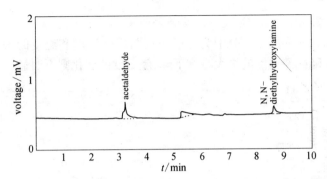

图 7.1　DEHA 与硝酸混合后，溶液用 0.1 M NaOH 中和后的气相色谱图

DEHA：0.1 M，$T=20℃$

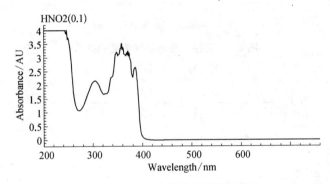

图 7.2　亚硝酸的紫外可见吸收谱图

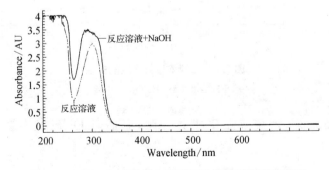

图 7.3　DEHA 与硝酸混合后溶液的紫外可见吸收谱图

7.3.1.2 乙醛浓度与反应条件的关系

图 7.4 和图 7.5 分别为乙醛浓度与硝酸浓度和温度的关系. 乙醛浓度随硝酸浓度的增大略有下降, 随温度的变化则不明显.

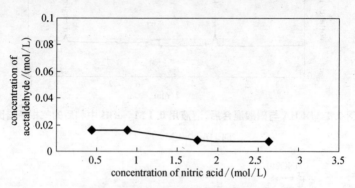

图 7.4　乙醛浓度与硝酸浓度的关系

DEHA: 0.1 M, $T=20℃$

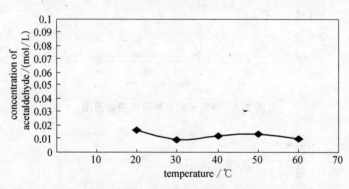

图 7.5　乙醛浓度与温度的关系

DEHA: 0.1 M, HNO_3: 1.0 M

7.3.2　硝酸与亚硝酸共存时, 它们与 DEHA 的氧化还原反应

在一定条件下, 硝酸和亚硝酸都可以作为氧化剂. 在酸性溶液

（1.0 M HClO$_4$）中，硝酸与亚硝酸的标准还原电位为[75]：

$$NO_3^- + 4H^+ + 3e^- \longrightarrow NO + H_2O \tag{2}$$

$E^0 = 0.96$ V

$$HNO_2 + H^+ + e^- \longrightarrow NO + H_2O \tag{3}$$

$E^0 = 0.996$ V

由硝酸和亚硝酸的还原电位可以看出：在同样条件下，亚硝酸的氧化性比硝酸强．另一方面，如果硝酸与亚硝酸共存，而亚硝酸浓度又很低时，则主要是硝酸与 DEHA 反应，亚硝酸对硝酸的氧化性有催化作用．

7.3.2.1 亚硝酸浓度较低时，硝酸与 DEHA 的氧化还原反应

图 7.6 为乙醛浓度与亚硝酸浓度的关系．随着亚硝酸浓度的增大，乙醛浓度逐渐减少，而当亚硝酸的浓度增大到 0.01 M 时，乙醛浓度又随亚硝酸浓度的增大逐渐增加．

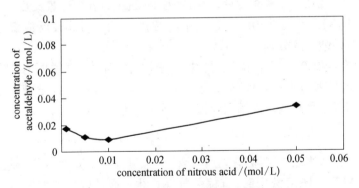

图 7.6　乙醛浓度与亚硝酸浓度的关系

DEHA：0.1 M，HNO$_3$：1.0 M，$T = 20$℃

$$HNO_3 + HNO_2 \Longrightarrow 2NO_2 + H_2O \tag{4}$$

这是因为，由于硝酸与亚硝酸反应，硝酸浓度减少，因此，乙醛浓度逐渐减少．但当反应生成的 NO$_2$ 浓度增大到一定值时，它对硝酸的氧化又有催化作用，因此，乙醛浓度又随亚硝酸浓度的增加逐渐增加．

图 7.7 为乙醛浓度与温度的关系. 乙醛浓度先随温度的增加略有增加,但当温度大于 50℃,乙醛浓度随温度变化不明显.

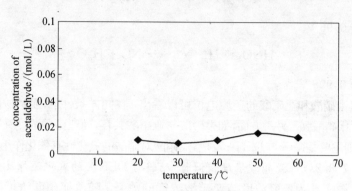

图 7.7　乙醛浓度与温度的关系

DEHA：0.1 M, HNO$_3$：1.0 M, HNO$_2$：0.005 M

7.3.2.2　硝酸介质中,亚硝酸与 DEHA 的氧化还原反应

DEHA 浓度为 0.1 M,亚硝酸浓度也为 0.1 M,反应温度为 20℃,硝酸浓度分别为 0.5、1.0、2.0 和 3.0 M.

在配制 0.1 M 亚硝酸时,瓶中有无色气体产生,说明有 NO 生成. 这是因为亚硝酸仅存在于冷的稀水溶液中,在酸性溶液中不稳定,当温度稍高或浓度稍大就按下式分解：

$$HNO_2 \Longrightarrow HNO_3 + NO(无色气体)\uparrow + H_2O \qquad (5)$$

另外,当 0.1 M 亚硝酸加入含(0.5、1.0、2.0、3.0)M 硝酸的 0.1 M DEHA 溶液中时,有棕色气体产生,这是因为亚硝酸浓度较高,硝酸与亚硝酸反应(4)生成二氧化氮浓度较高的缘故.

当硝酸浓度为 0.5 M,反应后溶液的气相色谱图和图 7.1 类似. 说明亚硝酸和 DEHA 反应产物与硝酸和 DEHA 反应产物是一样的,因此,可以推断亚硝酸与 DEHA 反应方程式为：

$$(CH_3CH_2)_2NOH + HNO_2 \longrightarrow$$
$$CH_3CHO + CH_3CH_2NHOH + NO + H^+ \qquad (6)$$

当然,硝酸与 DEHA 也会发生反应(方程 1),而且,硝酸与亚硝酸反应(方程 4)生成的二氧化氮对硝酸的氧化有催化作用.

图 7.8 为硝酸及硝酸和亚硝酸共存时的溶液中,乙醛浓度与硝酸浓度的关系. 0.1 M 亚硝酸的加入,使得乙醛浓度大大增加,但随着硝酸浓度的增加,乙醛浓度逐渐降低,当硝酸浓度为 3.0 M 时,乙醛浓度降为 0. 另一方面,随着硝酸浓度的加大,图 7.1 中的后二峰逐渐消失,而 11 min 左右又出现了一新的色谱峰. 说明 DEHA 及 N——乙基羟胺羟胺已被完全氧化. 11 min 左右的峰可能为乙酸.

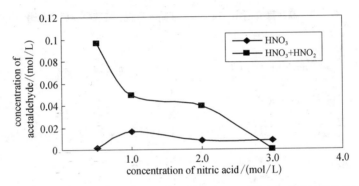

图 7.8 硝酸及硝酸和亚硝酸共存时的溶液中,乙醛浓度与硝酸浓度的关系

DEHA:0.1 M, 亚硝酸:0.1 M, T=20℃

7.3.3 在高氯酸介质中,亚硝酸与 DEHA 的反应

浓热的高氯酸溶液是强氧化剂,但是,冷的稀高氯酸溶液却没有明显的氧化性,因此,在高氯酸介质中,亚硝酸与 DEHA 的反应主要是亚硝酸与 DEHA 之间的氧化还原反应.

7.3.3.1 高氯酸介质中,亚硝酸与 DEHA 反应产物的定性研究

首先研究的体系为 DEHA 浓度为 0.2 M,HNO_2 浓度为 0.05 M,反应温度为 20℃,$HClO_4$ 浓度分别为 0.5、1.0、2.0 和 3.0 M,反应后溶液用 0.1 M NaOH 中和后再分析.

在反应过程中,瓶中有无色气体产生,说明产物中有一氧化氮.

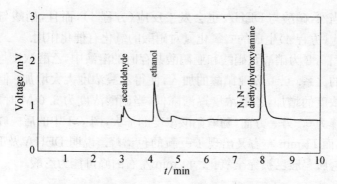

图 7.9 高氯酸介质中, DEHA 和亚硝酸反应, 溶液中和后的色谱图

DEHA: 0.2 M, HNO$_2$: 0.05 M, $T=20℃$

因此, 在高氯酸介质中, DEHA 和亚硝酸反应的方程式为:

$$(CH_3CH_2)_2NOH + 7HNO_2 \xrightarrow{HClO_4}$$

$$CH_3CHO + CH_3CH_2OH + HNO_3 + 7NO + H^+ + 3H_2O \quad (7)$$

7.3.3.2 反应产物浓度与 HClO$_4$ 浓度的关系

图 7.10 和图 7.11 分别为反应产生的乙醛和乙醇浓度与高氯酸浓度的关系; 图 7.12 为反应后溶液中残余的 DEHA 浓度与高氯

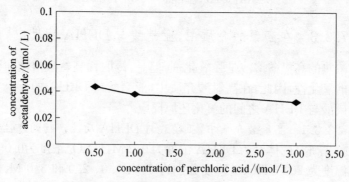

图 7.10 乙醛浓度与高氯酸浓度的关系

DEHA: 0.2 M, HNO$_2$: 0.05 M, $T=20℃$

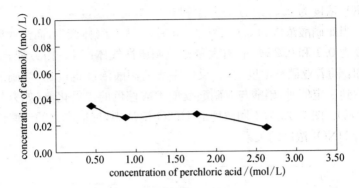

图 7.11 乙醇浓度与高氯酸浓度的关系

DEHA：0. 2 M, HNO$_2$：0. 05 M, $T=20℃$

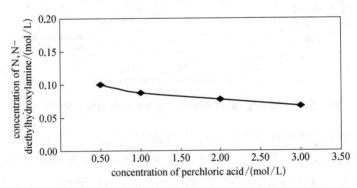

图 7.12 反应后溶液中 DEHA 浓度与高氯酸浓度的关系

DEHA：0. 2 M, HNO$_2$：0. 05 M, $T=20℃$

酸浓度的关系. 当高氯酸从 0. 5 M 上升到 1. 0 M 时,乙醛浓度略有下降,而当高氯酸从 1. 0 M 上升到 3. 0 M 时,乙醛浓度基本不变;乙醇浓度随着高氯酸浓度的增大缓慢下降;DEHA 浓度随着高氯酸浓度的增大明显下降.

7.3.3.3 反应产物浓度与亚硝酸浓度的关系

DEHA 浓度为 0. 1 M,HClO$_4$浓度分别为 0. 5、1. 0 和 2. 0 M,

HNO_2 浓度为 0.01、0.05、0.1 和 0.2 M,反应温度为 $20℃$.

当亚硝酸浓度为 0.01、0.05 M 时,有无色气体产生,而当亚硝酸浓度为 0.1 和 0.2 M 时,有大量棕色刺激性气体产生. 由方程式(7)可知:随着亚硝酸浓度增加,反应生成的硝酸浓度也增加,当硝酸浓度达到一定值时,硝酸与亚硝酸反应生成棕色的二氧化氮(如方程式 4 所示). 图 7.13 为不同浓度的 $HClO_4$ 溶液中,反应产生的乙醛的浓度与 HNO_2 浓度的关系:

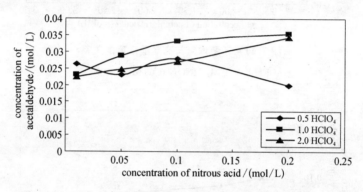

图 7.13   不同浓度 $HClO_4$ 溶液中, 乙醛浓度与 HNO_2 浓度的关系

当 $HClO_4$ 浓度为 0.5 M 时,乙醛浓度与亚硝酸浓度关系不大;而当 $HClO_4$ 浓度为 1.0 和 2.0 M 时,乙醛浓度随着亚硝酸浓度的增大而增大,后者和方程式(7)是一致的;另外,$HClO_4$ 浓度从 0.5 M 增加到 1.0 M 时,乙醛浓度是增加的,这是因为溶液酸性增加,亚硝酸氧化性增加(方程式 3),因此,增加酸度能促进反应的进行. 但当 $HClO_4$ 浓度从 1.0 M 上升到 2.0 M 时,乙醛浓度反而略有下降.

图 7.14 为不同浓度 $HClO_4$ 溶液中,乙醇浓度与 HNO_2 浓度的关系. 当 $HClO_4$ 浓度为 0.5 时,乙醇浓度随亚硝酸浓度的增加略有减少,当 $HClO_4$ 浓度为 1.0 M 时,乙醇浓度随着亚硝酸浓度的增大而明显减少;当 $HClO_4$ 浓度从 0.5 M 上升到 1.0 M 时,乙醇浓度也是减少的. 这可能是因为酸度和亚硝酸浓度的增加,溶液的氧化性增加,部

分乙醇被氧化为乙醛的缘故. $HClO_4$ 浓度为 2.0 M 时,乙醇浓度先随亚硝酸浓度的增大而减少,但当亚硝酸浓度大于 0.05 M 时,乙醇浓度反而随亚硝酸浓度的增加而增大.

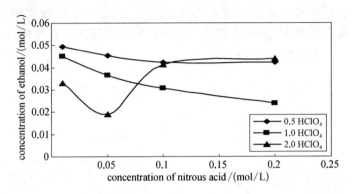

图 7.14 不同浓度 $HClO_4$ 中,乙醇浓度与 HNO_2 浓度的关系

图 7.15 为不同浓度 $HClO_4$ 中,反应后溶液中 DEHA 浓度与 HNO_2 浓度的关系. 当 $HClO_4$ 浓度为 0.5 M 时,DEHA 浓度与亚硝酸浓度关系不大;而当 $HClO_4$ 浓度为 1.0 和 2.0 M 时,当亚硝酸浓度小于等于 0.1 M 时,DEHA 浓度也与亚硝酸浓度关系不大,但当亚硝酸浓度大于 0.1 M,DEHA 浓度直线下降.

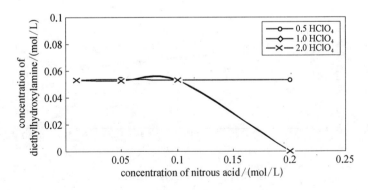

图 7.15 不同浓度 $HClO_4$ 中,反应后溶液中 DEHA 浓度与 HNO_2 浓度关系

7.3.3.4 反应产物浓度与温度的关系

图 7.16、图 7.17 和图 7.18 分别为不同温度下,反应产物乙醛、乙醇及残余的 DEHA 浓度与反应温度的关系. 随着温度的增加,乙醛浓度稍有增加,乙醇浓度稍有减少. 这可能是由于温度增加,亚硝酸的氧化性增大,部分乙醇被氧化为乙醛的缘故. DEHA 浓度随温度的变化不明显.

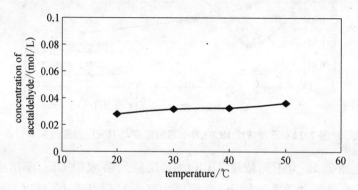

图 7.16　乙醛浓度与温度的关系

DEHA:0.1 M, HClO$_4$:1.0 M, HNO$_2$:0.1 M

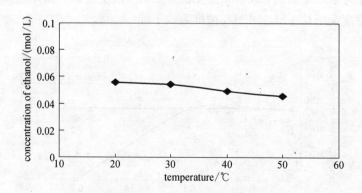

图 7.17　乙醇浓度与温度的关系

DEHA:0.1 M, HClO$_4$:1.0 M, HNO$_2$:0.1 M

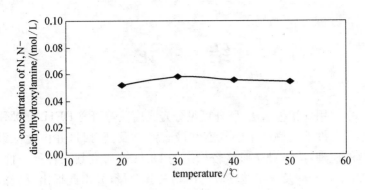

图 7.18   DEHA 浓度与温度的关系

DEHA：0.1 M，HClO$_4$：1.0 M，HNO$_2$：0.1 M

7.4   小结

(1) DEHA 与硝酸氧化还原反应的方程式为：

$$3(CH_3CH_2)_2NOH + 2HNO_3 \longrightarrow$$

$$3CH_3CHO + 3CH_3CH_2NHOH + 2NO + H_2O$$

(2) 在硝酸介质中，DEHA 与亚硝酸反应的方程式为：

$$(CH_3CH_2)_2NOH + HNO_2 \longrightarrow$$

$$CH_3CHO + CH_3CH_2NHOH + NO + H^+$$

(3) 在高氯酸介质中，DEHA 和亚硝酸反应的方程式为：

$$(CH_3CH_2)_2NOH + 7HNO_2 \xrightarrow{HClO_4}$$

$$CH_3CHO + CH_3CH_2OH + HNO_3 + 7NO + H^+ + 3H_2O$$

结　　论

本文用气相色谱法、紫外可见分光光度法等研究 DEHA、DMHA 在不同条件下辐解产生的气态和液态产物及其含量,并由此探索其辐解的机理;选择对 γ 射线较稳定的 DEHA,研究其在各种条件下,与 V(V)、硝酸及亚硝酸反应的产物及其含量,并由此推出反应的方程式. 得到的结果如下所示:

(1) DEHA 水溶液辐解产生的气态产物主要有氢气、甲烷、乙烷、乙烯;液态产物主要有乙醛、乙醇、乙酸和铵离子.

(2) 当 DEHA 浓度为 0.1~0.5 M,剂量为 10~1 000 kGy 时,氢气的体积分数最高达 0.24,乙烯、甲烷和乙烷体积分数最高分别达 0.013、0.007、0.001 5. 当 DEHA 浓度为 0.1~0.2 M 时,乙醛、乙醇、乙酸和铵离子浓度低于 0.03 M;当 DEHA 浓度为 0.3~0.5 M 时,乙醛、乙醇和乙酸浓度变化不大,但铵离子浓度有较大的增加,最高达 0.16 M. DEHA 辐解率随其浓度的增大而减少,当 DEHA 浓度为 0.5 M,剂量为 1 000 kGy 时,辐解率为 25%.

(3) DMHA 水溶液辐解产生的气态产物主要有氢气、甲烷. 液态产物主要有甲醛和铵离子.

(4) 当 DMHA 浓度为 0.1~0.5 M,剂量为 10~1 000 kGy 时,气相中氢气的体积分数最高达 0.30,甲烷的体积分数最高达 3.4×10^{-4}. 液态产物中甲醛浓度为 0.10~0.16 M,铵离子浓度为 $2.4 \times 10^{-3} \sim 6.1 \times 10^{-2}$ M. DMHA 水溶液对辐射非常敏感,当剂量为 500 kGy 时,DMHA 已完全辐解.

(5) 提出了 DMHA 和 DEHA 水溶液辐解的机理,这些机理能较好地解释实验结果.

(6) 研究了不同浓度硝酸对 DEHA 水溶液辐解产生的气态和液

态产物的影响. 气相中的氢气、甲烷、乙烷、乙烯的体积分数都减少了;液相中的乙醛和乙酸浓度增大了,而乙醇浓度却大大减少了,没有铵离子. 硝酸介质中的 DEHA 对辐照是很敏感的,含 1.0 M 硝酸的 0.2 M DEHA 吸收 500 kGy 剂量后,即完全降解.

(7) 研究了不同浓度硝酸对 DMHA 水溶液辐解产生的气态和液态产物的影响. 气相中氢气和甲烷的体积分数都减少了,液相中甲醛浓度也减少了,没有铵离子. 硝酸介质中 DMHA 对辐射更敏感,含 1.0 M 硝酸的 0.2 M DMHA 吸收 100 kGy 剂量后,即完全降解.

(8) 研究了 DEHA 与 V(V)、硝酸和亚硝酸氧化还原反应的产物及其与反应条件的关系. 硝酸不存在时,NH_4VO_3 和 DEHA 不反应;硝酸存在时,NH_4VO_3 和 DEHA 反应的方程式为:

$$6VO_3^- + (CH_3CH_2)_2NOH + 13H^+ \rightleftharpoons$$
$$6VO^{2+} + 2CH_3CHO + NO_3^- + 8H_2O$$

DEHA 与硝酸反应的方程式为:

$$3(CH_3CH_2)_2NOH + 2HNO_3 \longrightarrow$$
$$3CH_3CHO + 3CH_3CH_2NHOH + 2NO + H_2O$$

在硝酸介质中,DEHA 与亚硝酸反应的方程式为:

$$(CH_3CH_2)_2NOH + HNO_2 \longrightarrow$$
$$CH_3CHO + CH_3CH_2NHOH + NO + H^+$$

在高氯酸介质中,DEHA 和亚硝酸反应的方程式为:

$$(CH_3CH_2)_2NOH + 7HNO_2 \xrightarrow{HClO_4}$$
$$CH_3CHO + CH_3CH_2OH + HNO_3 + 7NO + H^+ + 3H_2O$$

(9) 本研究将对 DMHA、DEHA 能否用于乏燃料后处理提供重要的参考依据.

参 考 文 献

[1] 姜圣阶，任风仪. 核燃料后处理工学[M]. 北京：原子能出版社，1995：2-7.

[2] Ochsenfeld，W. Petrich，G. Neptunium decontamination in a uranium Purification cycle of a spent fuel reprocessing plant [J]. Separation Science and Technology，1983，18(14 & 15)：1685-1698.

[3] 强亦忠，张寿华. 简明放射化学教程[M]. 北京：原子能出版社，1989：150-218.

[4] Thompson，R. C. Neptunium — the neglected actinide：a review of the biological and environmental literature [J]. Radiation Research，1982，90(1)：1-3.

[5] Friedlander，G. Kennedy，J. W. Macias，E. S. 冯锡璋，柴之芳，罗世华等译. 核化学与放射化学[M]. 北京：原子能出版社，1988：355-356.

[6] 马栩泉. 溶剂萃取法核燃料后处理研究的进展[J]. 原子能科学技术，1989，23(4)：84-92.

[7] Bond，A. H. Dietz，M. L. Rogers，R. D. Metal-Ion separation and preconcentration progress and opportunities [J]. American Chemical Society，1999：13-19.

[8] Choppin，G. R. Morgenstern，A. Radionuclide separations in radioactive waste disposal [J]. Journal of Radioanalytical and Nuclear Chemistry，1997，243(1)：45-51.

[9] Choppin，G. R. Khankhasayev，M. K. Chemical separation technologies and related methods of nuclear waste management

[M]. Netherlands: Kluwer Academic Publisher, 1999: 1 - 16.

[10] Benedict, M. Pigford, T. H. Levi, H. W. Nuclear chemical Engineering [M]. New York: McGraw-Hill Book Company, 1981: 458 - 473.

[11] Ozawa, M. Nemoto, S. Ueda, Y. *et al*. Salt-free Purex process development [J]. RECOD'91, 1991 (1): 729 - 734.

[12] Taylor, R. J. Denniss, I. S. *et al*. A. L. Wallwork. Neptunium control in an advanced Purex process [J]. Nuclear Energy, 1997, 36(1): 39 - 46.

[13] Biddle, P. McKay, H. A. C. Miles, J. H. The role of nitrous acid in the reduction of plutonium(IV) by uranium in the TBP system[J]. Solvent Extraction Chemistry of Metals, 1965 (1): 33 - 154.

[14] Schlea, C. S. Caverly, M. R. Henry H. E. *et al*. Uranium (IV) nitrate as a reducing agent for plutonium (IV) in the PUREX process [J]. DP - 808, 1963 (1): 1 - 20.

[15] Biddle, P. Miles, J. H. Rate of reaction of nitrous acid with hydrazine and with sulphamic acid [J]. J. Inorg. Nucl. Chem. , 1968, 30: 1291 - 1297.

[16] Koltunov, V. S. Stabilization of Pu and Np Valences in Purex process [J]. Problems and Outlook RECOD'98, 1998: 425 - 431.

[17] Mckibben, J. M. Bercaw, J. E. Hydroxylamine nitrate as a Plutonium reductant in the PUREX solvent extraction process, DP - 1248, 1971: 1 - 22.

[18] Dukes, E. K. Kinetics and mechanisms for the oxidation of trivalent plutonium by nitrous acid, J. Am. Chem. Soc. , 1960, 82(1): 9 - 13.

[19] SZE, Y. K. Clegg, L. J. Gerwing, A. F. *et al*. Oxidation

of Pu（Ⅲ）by nitric acid in tri-n-butyl phosphate solutions. Part Ⅰ. Kinetics of the reaction and its effect on plutonium losses in countercurrent liquid-liquid extraction [J]. Nuclear Technology, 1982, 56: 527 - 534.

[20] SZE, K. Gosselin, J. A. Oxidation of Pu(Ⅲ) by nitric acid in tri-n-butyl phosphate solutions. Part Ⅱ. Chemical methods for the suppression of oxidation to improve plutonium separation in contactor operation [J]. Nuclear Technology, 1983, 63: 431 - 441.

[21] 张安运,胡景轩,张先业,等. 有机还原剂与 Np(Ⅵ)和 Pu(Ⅳ)的化学反应动力学研究进展[J]. 原子能科学技术,2001, 35(1): 83 - 90.

[22] Uchiyama, G. Process study on neptunium separation using salt-free reduction reagent [A]. Solvent Extraction'90(C). (S. 1.). Elsevier Science Publishers, 1992: 675 - 681.

[23] 张先业,叶国安,肖松涛,等. 单甲基肼还原 Np(Ⅵ)Ⅰ——反应动力学研究. 原子能科学技术, 1997, 31(3): 193 - 198.

[24] 张先业,叶国安,肖松涛等. 单甲基肼还原 Np(Ⅵ)Ⅱ——PUREX 流程中 U-Pu 分离的研究. 原子能科学技术, 1997, 31(4): 316 - 320.

[25] 尹东光,张先业,胡景炘,等. 偏二甲基肼还原 Np(Ⅵ)的动力学研究. 核化学与放射化学, 1997, 19(3): 23 - 27.

[26] 尹东光,张先业,胡景炘,等. 1,1-二甲基肼应用于 U、Pu 分离的研究. 核化学与放射化学, 1998, 20(3): 146 - 151.

[27] 尹东光,张先业,胡景炘,等. 铁离子和亚硝酸对偏二甲基肼还原六价镎的影响[J]. 核化学与放射化学,1997,19(4): 35 - 41.

[28] 张先业,黄子林,肖松涛,等. 2-羟基乙基肼还原 Np(Ⅵ)Ⅰ. 反应动力学研究[J]. 原子能科学技术, 1998, 32(5): 434 - 437.

[29] 张先业,黄子林,肖松涛,等. 2-羟基乙基肼还原 Np(Ⅵ)Ⅱ.

在 PUREX 流程中用于 U-Pu 分离的初步研究[J]. 原子能科学技术,1999, 33(1): 8-11.

[30] 黄子林,张先业,尹东光,等. Fe^{3+} 和肼的衍生物共存时对 Np（Ⅵ）还原反应的研究[J]. 核化学与放射化学，2001, 23(1): 7-12.

[31] 张安运, 胡景炘, 张先业,等. N,N-二乙基羟胺与 Np(Ⅵ)氧化还原反应动力学研究[J]. 原子能科学技术, 1999, 33(2): 97-103.

[32] 张平,辛仁轩,梁俊福,等.辐照后 30％TRPO-煤油体系气态降解产物中氢气含量的气相色谱测定[J]. 现代仪器, 2000(5): 10-12.

[33] Havenga W, J. Rohwer, E. R. Rapid analysis of coke oven gas by capillary gas chromatography[J]. J. High Resolut. Chromatogr. , 1992, 15(6): 381-386.

[34] 钱溶吉，盛怀禹，方文仅,等. 辐解产物的气体分析[J]. 原子能科学技术[J], 1964(7): 868-872.

[35] 辛仁轩, 张平, 梁俊福,等. 三烷基氧化膦辐照分解气态烃类的气相色谱测定[J]. 化学分析计量, 2000,9(2): 18-19.

[36] 吴季兰, 戚生初著. 辐射化学[M]. 北京：原子能出版社, 1993: 217-234.

[37] 盛怀禹,向才立,陈耀焕. 萃取剂的辐射稳定性研究（Ⅰ）磷酸三丁酯各异构体辐解产物的比较[J]. 原子能科学技术,1964(7): 767-773.

[38] A. J. 斯沃罗. 辐射化学导论[M]. 陈文绣, 贾海顺, 包华影,译. 北京：原子能出版社, 1985: 198-206.

[39] 汪正范. 色谱定性与定量[M]. 北京：化学工业出版社, 2000: 169-172.

[40] 吴季兰, 戚生初. 辐射化学[M]. 北京：原子能出版社,1993: 156-198.

[41] 盛怀禹,向才立,陈耀焕. 萃取剂的辐射稳定性研究(Ⅱ)磷酸三丁酯的辐解[J]. 原子能科学技术,1965(6):500-507.

[42] A. J. 斯沃罗. 辐射化学导论[M]. 陈文绣,贾海顺,包华影,译. 北京:原子能出版社,1985:220-224.

[43] A. J. 斯沃罗. 有机化合物的辐射化学[M]. 盛怀禹,译. 上海:上海科学技术出版社,1963:99-105.

[44] 焦正英. 低脂肪族含氧化合物的气相色谱分析和环境样品的分析实例[J]. 环境化学,1985,4(1):13-19.

[45] 上海科创色谱仪器有限公司. 科创色谱报[J]. 2001(13):3-4.

[46] 叶福祥. 第十次全国气相色谱学术报告会文集. 1995:102.

[47] 李中碧. 2,3-二氯-1,3-丁二烯中二乙基羟胺的气相色谱分析[J]. 合成橡胶工业,1992,15(4):244-245.

[48] 中华人民共和国化工行业标准 HG 2031-91.

[49] 甘肃师范大学化学系《简明化学手册》编写组. 简明化学手册[M]. 兰州:甘肃人民出版社,1980:878-882.

[50] 北京大学,华中师范大学,南京大学无机化学教研室. 无机化学下册第四版[M]. 北京:高等教育出版社,2003:524-525.

[51] 国家环境保护总局《水和废水检测分析方法》编委会. 水和废水检测分析方法[M]. 北京:中国环境科学出版社,2002:273-283.

[52] 武汉大学等五校编. 无机化学下册[M]. 北京:人民教育出版社,1979:36-49.

[53] 史雅珍,熊新向,谌翔希. 纳氏试剂与铵离子显色反应及光度法定氮[J]. 武汉科技大学学报,1998,21(1):40-43.

[54] Adamic, K. Bowman, D. F. Gillan, T. *et al.* Ingold, K. U. Kinetic applications of electron paramagnetic resonance spectroscopy (Ⅰ) Self-reactions of diethyl nitroxide radicals [J]. Journal of American Chemical Society, 1971, 93(4):902-908.

[55] Coppinger, G. M. Swalen, J. D. Electron paramagnetic resonance studies of unstable free radicals in the reaction of t-Butyl hydroperoxides and alkylamines. J. Amer. Chem. Soc. , 1961, 83: 4900 - 4902.

[56] 孟庆珍, 胡鼎文, 程泉寿, 等. 无机化学下册[M]. 北京: 北师大出版社, 1988: 927 - 930.

[57] 张安运, 厉凯, 何辉, 等. N. N-二甲基羟胺与 V(V) 氧化还原反应动力学及机理研究[J]. 应用化学, 2001, 18(3): 180 - 183.

[58] Koltunov, V. S. Baranov, S. M. Zharova, T. P. Kinetics of the reactions of Np and Pu ions with hydroxylamine derivatives (Ⅱ)—Reaction of Np (Ⅵ) with N, N -dimethylhydroxylamine [J]. Radiokhimiya, 1993, 35(4): 49 - 53.

[59] Koltunov, V. S. Baranov, S. M. Zharova, T. P. Kinetics of the reactions of Np and Pu ions with hydroxylamine derivatives(Ⅵ)—Reaction between Np (Ⅵ) and N, N -diethylhydroxylamine [J]. Radiokhimiya, 1993, 35 (4): 79 - 84.

[60] 中华人民共和国化工行业标准 HG 2031 - 91.

[61] 张素玢, 辛长波, 王晰. 顶空气相色谱法测定污水中挥发醛[J]. 工业水处理, 2000, 20(10): 27 - 30.

[62] 任清, 郭友嘉. 气相色谱法快速测定空气中低分子醛[J]. 色谱, 1997, 15(4): 356 - 357.

[63] Andrawes, F. F. Analysis of liquid samples by capillary gas chromatography and helium ionization detection [J]. Journal of Chromatography, 1984, 290: 65 - 74.

[64] 叶福祥. 第十次全国气相色谱学术报告会文集. 1995: 102.

[65] 翁帮华. 气相色谱法测定环境中微量甲醇-色谱柱的选择 [J]. 石油和天然气化工, 2001, 30(6): 313 - 320.

[66] 迪马公司. DIKMA 2001 - 2002 chromatography catalog [M]. 北京：DIKMA Publisher，2002：56.

[67] 梁禄，张国祥，来爱平. 气相色谱法测定空气中的甲酸[J]. 中国公共卫生，1990, 6(10)：452 - 454.

[68] 石磊，马正飞，生成斌，等. 甲醇气相羰基化产物的气相色谱分析[J]. 应用化工，2002, 31(2)：33 - 34.

[69] 王晓宁，陈光伟. 冰醋酸成分的毛细管气相色谱法测定[J]. 江苏化工，1999, 25(8)：44 - 45.

[70] 王华明，程极源. 气相色谱法分析甲醇氧化制甲醛的液相成分[J]. 合成化学，1997, 5(1)：14 - 16.

[71] 丁延伟，范崇政，吴缨，等. 纳米 TiO_2 光催化降解 CH_3OH、$HCHO$ 及 $HCOOH$ 反应的研究[J]. 分子催化，2002, 16(3)：175 - 179.

[72] 项海波，崔艳秋，杨培勤，等. 硝基甲烷色谱含量受时间、温度影响的研究[J]. 山东化工，1998(5)：46 - 47.

[73] Prokai, A. M. Ravichandran, R. K. Simultaneous analysis of hydroxylamine, N-methylhydroxylamine and N, N-dimethylhydroxylamine by ion chromatography [J]. Journal of Chromatography A, 1994, 667：298 - 303.

[74] Lasalle, M. J. Cobble. J. W. The entropy and structure of the pervanadylion [J]. J. Phys. Chem. , 1955, 59：519 - 524.

[75] 《无机化学》编写组. 无机化学下册[M]. 北京：人民教育出版社，1978：138 - 148.

本人在攻读博士学位
期间公开发表的论文

[1] J. H. Wang, B. R. Bao, M. H. Wu, *et al*. Study on the light hydrocarbon produced by radiation degradation of N, N-diethyl hydroxylamine. J. Radioanal. Nucl. Chem. , 2004, 262(2): 451 - 453.

[2] 王锦花,包伯荣,吴明红,等. 羟胺衍生物的辐解研究Ⅲ. N,N-二乙基羟胺辐解产生的氢气和一氧化碳的定性定量分析. 核化学与放射化学,2004,26(2): 103 - 107.

[3] 王锦花,包伯荣,吴明红,等. 羟胺衍生物的辐解研究Ⅱ. N,N-二乙基羟胺辐解产物中气态烃类的定性定量分析. 核化学与放射化学,2004,26(1): 48 - 52.

[4] 王锦花,包伯荣,吴明红,等. N,N-二甲基羟胺辐解产生的气态烃类的定性和定量分析. 核技术,2004,27(4): 301 - 304.

[5] 王锦花,包伯荣,吴明红,等. 羟胺衍生物的辐解研究Ⅰ.羟胺衍生物辐解产物中气态烃类的气相色谱最佳分析条件的研究.核化学与放射化学,2003,25(4): 244 - 247.

[6] 王锦花. Fumio Yoshii, Keizo Makuuchi. 二元饱和橡胶的辐射硫化. 核技术,2003,26(2): 151 - 155.

[7] Wang Jinhua, Fumio Yoshii, Keizo Makuuchi. Radiation vulcanization of ethylene-propylene rubber with polyfunctional monomers. Radiation Physics and Chemistry, 2001, 60: 139 - 142.

[8] Wang Jinhua, Bao Borong, Wu Minghong, *et al*. Qualitative

and quantitative analysis of hydrogen and carbon monoxide produced by radiation degradation of N, N-dimethyl hydroxylamine. J. Radiat. Res. Radiat. Process,2005,23(2):110.

致　谢

在这春暖花开、鸟语花香的日子里,本人的博士论文工作就要结束了. 回想往事,思绪万千.

本论文是在导师包伯荣教授、叶国安研究员悉心指导下完成的. 在这近四年的时间里,他们总是认真地评审本人每一阶段的研究方案,认真地修改本人的每一篇论文. 每当实验遇到难题时,他们总是想法设法帮助解决. 导师们严谨认真的工作作风,给我留下了深刻的影响. 我一定以我的导师们为榜样,认认真真地工作,踏踏实实地做人.

射线所所长吴明红博导、环化学院院长朱宪博导、化工系陈捷博导、沈文豪教授都对本人的实验工作给予了很大的支持和帮助. 中国原子能研究院放射化学研究所的张先业研究员、胡景炘研究员对本人的工作也给予很大的帮助,特别是张先业老师,每当本人遇到难题而打电话请教张老师时,张老师总是认真仔细地解答,直到本人搞清为止。本人在此深表感谢!

中科院上海应用物理研究所姚思德研究员对本人的研究工作给予了很多指点,李祖光研究员、翁晨亮研究员在样品辐照和剂量测试方面给予了很大的帮助。上海科创色谱公司张天龙总经理为本人的部分气相色谱实验提供了便利,张富康、薛伟明工程师为色谱仪的正常运行做了很多工作。化工系张彰副教授在紫外可见光谱分析方面给予了很大的帮助;环境系胡星副教授在红外光谱分析方面给予了很大帮助,金志清副教授在色谱实验方面给予了很多指导。硕士生孙喜莲在本项研究中做了很多工作;本科生吴君萍、江丽敏和李德做了部分工作,本人在此深表感谢!

最后,我要感谢的是我的家人. 由于工作的关系,不能经常回家看望父母，父母从无怨言，反而嘱咐我要好好工作，兄嫂、姐姐则全力照顾好父母，从而使我能安心工作．我的丈夫——楼铭鹤先生，尽管自己工作非常繁忙，但他总是尽量分担家务，从而使我能有较多的时间、精力投入到工作中．

还有许许多多曾经帮助和鼓励过我的人，无法一一列举，在此一并表示感谢！